乌原鲤生物学及人工增殖技术研究

Research on the Biology and Artificial Proliferation
Techniques of *Procypris merus*

韩耀全 等 著

广西壮族自治区水产科学研究院

广西科学技术出版社

·南宁·

图书在版编目（CIP）数据

乌原鲤生物学及人工增殖技术研究 / 韩耀全等著.

南宁：广西科学技术出版社，2024. 12. -- ISBN 978-7-
5551-2250-0

Ⅰ. S96

中国国家版本馆 CIP 数据核字第 2024EN9723 号

WUYUANLI SHENGWUXUE JI RENGONG ZENGZHI JISHU YANJIU

乌原鲤生物学及人工增殖技术研究

韩耀全 等 著

责任编辑：梁珂珂		装帧设计：梁 良	
责任校对：冯 靖		责任印制：陆 弟	

出 版 人：岑 刚	出版发行：广西科学技术出版社
社 址：广西南宁市东葛路 66 号	邮政编码：530023
网 址：http://www.gxkjs.com	

经 销：全国各地新华书店

印 刷：广西民族印刷包装集团有限公司

开 本：787 mm×1092 mm 1/16

字 数：183 千字

印 张：10.5

版 次：2024 年 12 月第 1 版

印 次：2024 年 12 月第 1 次印刷

书 号：ISBN 978-7-5551-2250-0

定 价：88.00 元

《乌原鲤生物学及人工增殖技术研究》
著作者名单

主　著

韩耀全

副主著

吴伟军　李育森　王大鹏　施　军　雷建军　林　勇　何安尤

参　著

蓝家湖　李　哲　赵忠添　黄　博　黄玉英　杨泽英　董晓刚

覃　烨　钟汉礼　程冬梅　吴育贤　詹　曼　黄黎明　罗　邦

梁　正　闭显达　陈　谊　李　旻　廖振平　陈秀荔　黄　峥

苏绍萍　高雪梅

内容简介

本书是 2021 年渔业油价补贴政策调整一般性转移支付资金项目"广西渔业资源调查",以及 2023 年广西水产遗传育种与健康养殖重点实验室建设项目（20-238-07）自主研究课题"乌原鲤增殖放流技术研究"（2023-A-04-01）、2015 年广西科学研究与技术开发计划项目"乌原鲤人工繁育技术研究"（桂科攻 15248003-19）、2016 年广西水产遗传育种与健康养殖重点实验室建设项目（16-380-38）自主研究课题"乌原鲤生物学及遗传学特性研究"（16-A-04-01）、2017 年农业部物种品种资源保护费项目"乌原鲤增殖放流跟踪监测与效果评估"（171821301354052167）、2018 年中央农业资源及生态保护补助资金水生生物增殖放流项目（桂海渔办发〔2018〕52 号）"乌原鲤增殖放流"、2018 年第二批广西地方标准制定项目"乌原鲤"（桂市监函〔2018〕253 号）、2019 年中央农业资源及生态保护补助资金水生生物增殖放流项目（桂农厅办发〔2019〕66 号）"乌原鲤增殖放流"、2021 年渔业油价补贴政策调整一般性转移支付资金项目"乌原鲤增殖放流"、2022 年广西农业科技自筹经费项目"乌原鲤增殖放流及效果评估"（Z202228）、广西壮族自治区水产科学研究院结余经费科技项目（GXIFJY-202312）等系列关于珍稀濒危鱼类乌原鲤的科学研究与生产实践成果之一。全书汇集了近年来关于国家二级重点保护野生动物乌原鲤的自然资源状况调查、生物学基础研究、亲鱼驯养培育、人工繁殖、苗种培育、病害防治、人工增殖放流及效果评估等方面的科学研究与生产实践成果，阐述乌原鲤人工繁育及增殖放流各阶段的关键技术。

本书可供从事鱼类基础生物学、水产养殖、鱼类人工繁育、水域生态环境修复、增殖放流、乌原鲤种质资源调查研究或生产实践的工作人员及水产院校师生参考。

前　言

　　乌原鲤，俗称乌鲤、乌鲫、墨鲤、乌钩、黑鲤等，是珠江流域特有的经济鱼类，在我国仅分布于广西、贵州及云南。广西的漓江、桂江、红水河、柳江、郁江、左江、右江、邕江、浔江、西江等水域均有乌原鲤分布。乌原鲤在贵州主要分布于红水河水域和柳江水域上游干支流，在云南主要分布于郁江水域中上游干支流和红水河上游支流。乌原鲤肉质鲜美可口，曾为上等淡水经济鱼类，常见个体质量为 0.5~1.0 kg，最大可达 7.0 kg。乌原鲤是中国鲤科原鲤属已记录仅有的 2 种鱼类之一，由于自然资源逐渐减少，多年前已被《中国濒危动物红皮书·鱼类》列为易危物种，被世界自然保护联盟（IUCN）列为易危物种；被《中国生物多样性红色名录——脊椎动物卷（2020）》列为濒危物种。2021 年，国家林业和草原局、农业农村部公布《国家重点保护野生动物名录》，将乌原鲤列为国家二级重点保护野生动物，其种质资源保护养护工作极为重要。

　　由于经济社会发展，涉水工程增加，鱼类生长繁衍的水生态环境发生了较大改变，加上鱼类对生活环境的适应性较差等原因，导致乌原鲤的生存空间不断缩小，自然种群资源数量不断下降，江河野生种质资源遭到严重破坏，进而导致其濒危程度较高。开展乌原鲤驯养培育、人工催产繁育及养殖增殖研究，通过人工培育苗种的方式增殖放流，恢复自然水域乌原鲤的种质资源，是保护这一珍稀濒危鱼类资源的有效方法之一，也是维护水域生物多样性，保持水域生态环境健康，维持渔业经济可持续发展的重要途径。乌原鲤是珠江流域特有的珍稀经济鱼类，进行生物学等相关研究将为保护和利用乌原鲤种质资源的种类种质检验和保存、人工繁殖、种群恢复、种质资源开发、遗传育种及演化研究以及生产实践提供理论依据和遗传学特性基本参数，研究成果对中国鲤科鱼类特别是乌原鲤的自然资源保护、种质检验、养殖增殖生产及科学研究等方面均具有重要意义。

　　生物多样性保护的重要性已成为全球共识。生物多样性的保护，主要有三种途径：一是就地保护，建立自然保护区；二是异地保护，对生存繁殖条件遭到破坏、资源严重衰退的物种，建立养殖场进行保护和繁殖；三是建立全球性的基因库。随着鱼类资源的持续衰退及保护水产学的兴起，鱼类人工繁殖及增殖放流已成为恢复珍稀濒危鱼类种群的主要技术手段。

水生生物增殖放流，是指利用水生生物繁育特性，通过放流、底播、移植等方式向海洋、江河、湖泊、水库等水域投放活体水生生物，实现增加生物种群数量和资源量、净化水体、修复水域生态等目的的资源养护措施。增殖放流已成为渔业部门实施渔业生态环境修复的重要举措之一。近年我国增殖放流工作取得了一定的生态效益、经济效益和社会效益。在渔业环境压力日渐增大、渔业资源日益枯竭的形势下，鱼类人工增殖放流对促进增殖放流水域渔业经济和渔业生态健康可持续发展具有重要意义。

我国高度重视水生生物增殖放流工作，持续投入资金开展水生生物增殖放流。据统计，"十二五"期间，我国各级渔业主管部门以贯彻落实《中国水生生物资源养护行动纲要》为契机，不断加大水生生物增殖放流工作力度，截至2015年底，全国累计投入相关资金近50亿元，放流各类苗种1600多亿尾。"十三五"期间，全国水生生物增殖放流工作深入持续开展，放流规模和社会影响不断扩大，累计放流各类苗种1900多亿尾。预计到2025年，将逐步构建区域特色鲜明、目标定位清晰、布局科学合理、管理规范有序的增殖放流苗种供应体系。我国水生生物增殖放流工作的开展，不仅促进了渔业种群资源恢复，改善了水域生态环境，增加了渔业效益和渔民收入，还增强了社会各界的资源环境保护意识，形成了养护水生生物资源和保护水域生态环境的良好局面。

如今，我国水生生物增殖放流工作和成绩均上升到新高度。在中央财政的大力支持和社会各界的广泛参与下，全国水生生物增殖放流事业快速发展，产生了良好的生态效益、经济效益和社会效益。但随着增殖放流规模的不断扩大，增殖放流工作也遇到了新的问题，尤其是在增殖放流苗种质量方面，一些苗种生产单位条件较差，苗种质量得不到有效保障。此外，还有苗种供应单位资质条件参差不齐、放流苗种种质不纯和苗种存在质量安全隐患等问题，影响了增殖放流的整体效果，甚至对水域生物多样性和生态安全构成威胁。为强化水生生物增殖放流源头管理，提高增殖放流苗种质量，保障水域生态安全和中央财政资金使用效益，科学指导和规范水生生物增殖放流活动，推进增殖放流工作科学有序开展，科学养护和合理利用水生生物资源，维护生物多样性和水域生态安全，促进渔业可持续健康发展，我国陆续出台完善增殖放流相关管理规定和增殖放流总体规划，为增殖放流指明了目标方向，使增殖放流逐渐规范化和标准化，避免因增殖放流而产生不良影响。2003年农业部印发《农业部关于加强渔业资源增殖放流工作的通知》，2006年国务院印发《中国水生生物资源养护行动纲要》，2009年农业部印发《水生生物增殖放流管理规定》《水产苗种违禁药物抽检技术规范》和《农业部办公厅关于开展增殖放流经济水产苗种质量安全检验的通知》，2010年农业部印发《全国水生生物增殖放流总体规划（2011—2015年）》和《水生生物增殖放流技术规程》（SC/T 9401—2010），2011年农业部印发《农业部关于印发〈鱼类产地检疫规程（试行）〉等3个规程的通知》，2014年农业部办公厅印发《农业部办公厅关于进一步加强水生生物经济物种增殖放流苗种管理的通知》，2015年农业部办公厅印发《农业部办公厅关于2014年度中央财政经济物种增殖放流苗种供应有关情况的通报》，2016年农业部印发《农业部关于做好"十三五"水生生物增殖放流工作的指导意见》，2016年农业部办公厅及国家宗教事务局办公室印发《农业部办公厅　国家宗教事务局办公室关于进一步规范宗教界水生生物放生（增殖放流）活动的通知》，2017年农业部办公厅印发《农业部办公厅关于进一步规范水生生物增殖放流工作的通知》，2020年农业农村部发布《淡水鱼类增殖放流效果评估技术规范》（SC/T 9438—2020），2022年农业农村部印发《农业农村部关于做好"十四五"水生生物增殖放流工作的指导意见》，2022年农业农村部发布《农业农村部关于加强水生生物资源养护的指导意见》。这些文件均要求强化资源增殖养护措施，科学规范开展增殖放流。

广西河流众多，水系发达，流域面积50 km²以上河流共有1350条，野生鱼类资源丰富，现已发现并记录分布在广西的淡水鱼类及河口鱼类近400种，是我国热带亚热带生物多样性的关键地区之一。乌原鲤曾经是广西的重要经济鱼类，但20世纪90年代以后，各种因素威胁了乌原鲤的生存环境，使其生存空间不断缩小，野生资源遭到严重破坏，种群数量急剧下降，仅在部分江河支流上游少数河段发现少量个体。近十年来，在乌原鲤资源曾经相对丰富的浔江、郁江、红水河中下游及桂江均极少采集到乌原鲤，乌原鲤的自然资源已十分枯竭，濒危程度较高。

2010 年以前，国内外关于乌原鲤的研究很少，大多数仅保留开展资源调查的记录，对于乌原鲤遗传生物学特性研究、人工繁殖技术、鱼苗鱼种培育技术及养殖开发的研究极少，也没有建立专门保护乌原鲤的自然保护区、水产种质资源保护区。1980 年以来，广西壮族自治区水产科学研究院历次开展的渔业资源调查均包含乌原鲤自然资源调查相关工作。由于乌原鲤自然资源受威胁程度较高，为了乌原鲤种质资源养护与增殖恢复，2013 年以来，广西壮族自治区水产科学研究院陆续开展乌原鲤自然资源调查、基础生物学研究、池塘驯养、亲鱼培育、人工孵化、苗种培育等科研与生产实践工作，取得了一系列研究成果，人工催产繁殖获得成功并培育出乌原鲤苗种，多次向自然水域增殖放流乌原鲤苗种并开展增殖放流效果跟踪评估工作。研究团队持续对乌原鲤开展基础生物学特性、养殖、繁殖、增殖等研究工作，后续的增殖放流工作也已列入相关计划，为珠江流域珍稀濒危鱼类乌原鲤自然资源的恢复及水域生态环境健康作出贡献。

本书的出版得到 2015 年广西科学研究与技术开发计划项目"乌原鲤人工繁育技术研究"（桂科攻 15248003-19）、2016 年广西水产遗传育种与健康养殖重点实验室建设项目（16-380-38）自主研究课题"乌原鲤生物学及遗传学特性研究"（16-A-04-01）、2017 年农业部物种品种资源保护费项目"乌原鲤增殖放流跟踪监测与效果评估"（171821301354052167）、2018 年中央农业资源及生态保护补助资金水生生物增殖放流项目（桂海渔办发〔2018〕52 号）"乌原鲤增殖放流"、2018 年第二批广西地方标准制定项目"乌原鲤"（桂市监函〔2018〕253 号）、2019 年中央农业资源及生态保护补助资金水生生物增殖放流项目（桂农厅办发〔2019〕66 号）"乌原鲤增殖放流"、2021 年渔业油价补贴政策调整一般性转移支付资金项目"乌原鲤增殖放流"、2021 年渔业油价补贴政策调整一般性转移支付资金项目"广西渔业资源调查"（桂农厅函〔2022〕323 号）、2022 年广西农业科技自筹经费项目"乌原鲤增殖放流及效果评估"（Z202228）、2023 年广西水产遗传育种与健康养殖重点实验室建设项目（20-238-07）自主研究课题"乌原鲤增殖放流技术研究"（2023-A-04-01）及广西壮族自治区水产科学研究院结余经费科技项目（GXIFJY-202312）等系列项目的支持与资助，汇集了近年乌原鲤的自然资源状况调查、生物学基础研究、亲鱼驯养培育、人工繁殖、苗种培育、病害防治、人工增殖放流及效果评估等方面的科学研究与生产实践成果，阐述了乌原鲤人工繁育及增殖放流各阶段的关键技术。

　　由于时间及投入有限，还有不少未开展的研究内容，加上作者水平有限，书中错漏和不足之处在所难免，敬请读者朋友及相关调查研究工作者批评指正，特表感谢。

著者

2024 年 10 月

目　录

第一章 乌原鲤基础生物学

第一节 乌原鲤分类、起源及演化

一、乌原鲤基本信息

中文名：乌原鲤。

学名：*Procypris merus* Lin。

中文异名：乌鲤、乌鲫、墨鲤、乌钩、黑鲤。

英文名：Chinese ink carp。

分类地位：脊索动物门 Chordata 硬骨鱼纲 Osteichthyes 辐鳍鱼亚纲 Actinopterygii 鲤形目 Cypriniformes 鲤科 Cyprinidae 鲤亚科 Cyprininae 原鲤属 *Procypris* Lin 乌原鲤 *Procypris merus* Lin。

保护级别：国家二级重点保护野生动物。

濒危等级：在《中国物种红色名录》中被列为濒危物种，在《中国濒危动物红皮书·鱼类》中被列为易危物种，在世界自然保护联盟《濒危物种红色名录》中被列为易危物种。

特有鱼类：珠江水系特有鱼类。

原产国家：中国。

模式标本采集地：郁江南宁段。

原产省份：广西、贵州、云南。

原产水域：珠江流域。

原产气候：亚热带。

性别类型：雌雄异体。

栖息环境：淡水。

栖息水层：中下层。

生活方式：自由。

底质类型：砂石，亦能在泥底质水域生活。

食性：杂食性，仔鱼和稚鱼食浮游动物、小型无脊椎动物。成鱼主食底栖动物、浮游植物、浮游动物、有机碎屑。

乌原鲤的形态特征见图1-1。

图1-1　乌原鲤（施军　供图）

二、乌原鲤分类、起源及演化

乌原鲤隶属脊索动物门硬骨鱼纲辐鳍鱼亚纲鲤形目鲤科鲤亚科原鲤属。

原鲤属是1933年由林书颜根据采集自郁江南宁段的乌原鲤标本建立的，目前仅记录乌原鲤和岩原鲤（Procypris rabaudi Tchang）2种。乌原鲤是我国珠江水系特有鱼类，岩原鲤是我国长江水系特有鱼类。由于自然资源稀少，乌原鲤和岩原鲤于2021年2月同时被国家林业和草原局、农业农村部《国家重点保护野生动物名录》列为国家二级重点保护野生动物。

中国鲤亚科鱼类现共记录5个属，近30种，在鲤科中占比不大。部分鲤亚科鱼类分布广泛，适应性强，天然产量大，为我国重要的淡水养殖鱼类。我国关于鲤科鱼类的记载很早，可以追溯到《诗经》和《尔雅》。1871年，荷兰Bleeker最先对我国34种鲤科鱼类进行科学的描述。1927年起，我国科研工作者开始发表包括鲤科鱼类在内的分类学论文。瑞典Rendahl首先将我国的鲤科鱼类分为9个亚科，包括鲤亚科3种，共计139种。1933~1935年林书颜出版《广东及邻省的鲤科鱼类志》，将我国的鲤科鱼类分为9个亚科，包括鲤亚科3种，共计158种。鲤亚科鱼类与鲃亚科鱼类形态接近。关于鲤科鲤亚科鱼类的划分与归属，众多学者多次进行研究与探讨，Nichols et Pope（1927）、Rendahl（1928）、朱元鼎（1931，1933，1934，1935）、方炳文（1936）、Smith（1945）、张春霖（1959）、伍献文（1964，1977）、陈湘粦（1977）及王幼槐（1979）等均提出过观点和看法。有研究认为，鲤亚科鱼类的发源地为云南洱海一带。

朱元鼎（1935）和王幼槐（1979）等学者针对中国鲤科鲤亚科鱼类的起源、分类和演化进行的相关研究和讨论具有参考指导意义。鲤亚科鱼类的下咽齿按基本形状可分为 3 个类型。①匙形齿。齿冠稍膨大而凹入，顶端略钩曲，间或有个别个体齿呈圆锥形。鲃鲤属和原鲤属的下咽齿均属于此类型，齿式为 2.3.4—4.3.2。此类型鱼类与鲃亚科鱼类相近，被认为是发育比较原始的类型。②臼形齿。齿冠膨大，一般在咀嚼面上有 1~5 道沟纹，外行齿通常细小，呈棍棒状。鲤属和杓颌鱼属的下咽齿均属于此类型。鲤属的齿式为 1.1.3—3.1.1，而杓颌鱼属的齿式为 3.5—5.3。③铲形齿。齿冠宽扁，咀嚼面上有 1 道沟纹。须鲫属和鲫属的下咽齿均属于此类型。须鲫属的齿式为 2.4—4.2，鲫属的齿式为 4—4。王幼槐（1979）认为，中国的鲤亚科鱼类以鲃鲤属和原鲤属最为原始，两者起源于鲃亚科的一个共同祖先。鲃鲤属的口须已退化，原鲤属仍保留具 2 对须这一原始性状。鲤属则稍进化，下咽齿特化为臼形齿，具有压碎和研磨食物的功能，扩大了摄食范围，但还没有证据证明鲤属是由鲃鲤属和原鲤属演化而来的。鲤属可能来自一个与鲃鲤属或原鲤属相同的祖先。鲤属祖先在向鲤属演化过程中，衍生出了适于利用水生植物的一支，产生了须鲫属和鲫属。须鲫属的下咽齿为 2 行，保留 2 对口须，较为原始。鲫属的下咽齿已消退为 1 行，相互紧靠形成一个共同的咀嚼面，适于切割水生植物的茎叶，对环境的适应性远强于须鲫属，因而分布更广泛，成为鲤亚科中发展演化最高的一个属。

中国鲤亚科鱼类除鲃鲤属未有体细胞遗传学研究成果外，其余各属的染色体组型特征参数显示：在端部着丝点染色体（t 染色体）方面，原鲤属、须鲫属、鲤属、鲫属 t 染色体数的平均值分别为 36、32、22 和 42，原鲤属的 t 染色体数高于须鲫属、鲤属和鲫属的黑鲫和鲫，但鲫属银鲫的则较高；在中部着丝点染色体（m 染色体）和亚中部着丝点染色体（sm 染色体）方面，原鲤属、须鲫属、鲤属、鲫属 m 染色体数与 sm 染色体数之和的平均值分别为 45、50、53 和 69，原鲤属的最低，须鲫属的和鲤属的相差不大，鲫属的明显高于其他属；在染色体臂数（NF）方面，原鲤属、须鲫属、鲤属、鲫属 NF 的平均值分别为 145、150、153 和 209，原鲤属的最低，须鲫属的和鲤属的相差不大，鲫属的明显高于其他属。基于染色体组型特征参数判断，鲤亚科 4 个属中，原鲤属为较原始种类，须鲫属和鲤属为较进化种类，鲫属为发展演化最高和最特化种类。此结论与其他研究结论"中国的鲤亚科以鲃鲤属和原鲤属最为原始，鲤属稍进化，鲫属为鲤亚科中发展演化最高的一个属"相似。

第二节　乌原鲤基础生物学特征

一、乌原鲤形态特征

（一）鱼类基本形态特征

鱼类形态特征包括外部形态特征和内部形态特征。有些形态特征可以通过计算其数量来鉴别鱼种，称为可数性状，如侧线鳞数、背鳍鳍条数量、背鳍鳍棘数量、围尾柄鳞数、背鳍前鳞数、鳃耙数、下咽齿齿式等。有些形态特征可以通过测量来鉴别鱼种，称为可量性状，如全长、体长、体高、体宽、眼间距、肠长等。

1. 鱼类外部形态和内部形态常用术语

头部指由吻最前端至鳃盖骨后缘的部分，不包括鳃盖膜。

躯干部指由鳃盖骨后缘至肛门的部分。

尾部指由肛门至最后一块脊椎骨末端的部分。

吻部指由吻最前端至眼前缘的部分。

颏部也称颐部，指头部腹面下颌联合处后方。

峡部指颏部后方，两鳃盖膜交接处。

颊部指眼后下方，鳃盖骨前的部位。

奇鳍指单个不成对的鳍，包括背鳍、尾鳍和臀鳍。

偶鳍指成对的鳍，包括胸鳍和腹鳍。

脂鳍指在背鳍后方一无鳍条支持的皮质鳍，鲑科、银鱼科及很多鲇形目鱼类等均具有脂鳍。

口位需根据上下颌的相对长度及口的朝向来衡量。上颌与下颌等长、口朝向正前方的口位称为口端位。上颌短于下颌、口朝向上方的口位称为口上位；反之则称为口下位。介于口上位和口端位者为口亚上位，介于口端位和口下位者为口亚下位。

须因着生位置不同而有不同的名称，着生在口前的须为吻须，着生在上颌、下颌的须分别为上颌须、下颌须，着生在口角处的须为口角须，着生在前后鼻孔间的须为鼻须，着生在颏部的须为颏须。

鳃盖膜指露在鳃盖骨后缘的皮膜。

鳃弓指鳃腔内着生鳃丝和鳃耙的骨条。

盾鳞是由真皮和表皮联合形成的鳞片，如赤魟的鳞片。

硬鳞是一种深埋在真皮中的菱形骨板，如鲟形目鱼类的鳞片。

圆鳞是骨鳞的一种，其后端外缘光滑，如鲤科鱼类的鳞片。

栉鳞是骨鳞的一种，其后端外缘有小刺或呈锯齿状，如鲈形目大部分鱼类的鳞片。

棱鳞是有些鱼类(如鲱形目鱼类)沿腹缘中线的一列具棱脊或刺突的鳞片。

臀鳞是裂腹鱼类或银鱼类肛门至臀鳍间两排较大的鳞片。

鳞鞘是包裹在背鳍或臀鳍基部两侧的近长形或菱形的鳞片。

腋鳞是位于胸鳍或腹鳍基部与体侧交会处的狭长鳞片。

腹棱是腹部中线上隆起的刀刃状的皮质棱脊。腹棱完全指肛门至胸部有腹棱，腹棱不完全指肛门至腹鳍基部有腹棱。

除鲤形目鱼类外，其余鱼类通常在口腔内具齿，齿根据着生的部位命名。着生于上颌骨的为上颌齿；口腔背面为口盖，口盖最前端为犁骨，着生于其上的齿为犁骨齿；口盖两侧为腭骨，着生于其上的齿为腭齿；着生于下颌骨的齿为下颌齿。

幽门垂是胃的幽门部与肠交界处的一些条状突起物，其数目因鱼的种类不同而不同，是鱼的分类依据之一。

鳔是在消化道的背方充着气体的囊状物，由1~3室组成。有鳔管的鱼类称为喉鳔类，无鳔管的鱼类称为闭鳔类。

2. 鱼类可量性状常用术语

全长指由吻最前端至尾鳍末端的水平长度。

体长指由吻最前端至最后一块脊椎骨末端的水平长度。在鲤科鱼类外形测量中，最后一块脊椎骨的位置通常以其尾部的折痕为标志。

叉长指由吻最前端至尾叉最深点的水平长度。某些鱼类用叉长代表体长。

体高指躯干部最高处的高度，通常是背鳍起点处的高度。

体宽通常指胸鳍起点处身体的宽度。

头长指由吻最前端至鳃盖骨后缘的长度。

头高指头部的最大高度，通常是鳃盖骨后缘处的高度。

吻长指由吻最前端至眼前缘的长度。

眼径指眼前缘至眼后缘的长度，即眼眶的直径。

眼间距指左右两眼背缘之间的最小距离。

尾柄长指由臀鳍基部后端至最后一块脊椎骨末端的长度。

尾柄高指尾柄最狭部位的垂直高度。

尾鳍长指最后一块脊椎骨末端至尾鳍末端的长度。

背鳍基长指由背鳍起点至背鳍基部末端的长度。

臀鳍基长指由臀鳍起点至臀鳍基部末端的长度。

背鳍前距指由背鳍起点至吻端或上颌前端的长度。

腹鳍前距指由腹鳍起点至吻端或上颌前端的长度。

3. 鱼类可数性状常用术语

侧线鳞数是从鳃裂上角至最后一块脊椎骨末端的一列具小管或小孔的鳞片数。

侧线上鳞数是从背鳍（或第一背鳍）向后下方斜数至紧邻侧线的一枚鳞片的一行鳞片数。侧线上鳞数不包括侧线鳞数。

侧线下鳞数是从腹鳍或臀鳍向上斜数至紧邻侧线的一枚鳞片的一行鳞片数。从腹鳍开始的用"V"表示，常用于鲤形目；从臀鳍开始的用"A"表示，常用于鲈形目。侧线下鳞数不包括侧线鳞数。

鳞式由侧线鳞数、侧线上鳞数和侧线下鳞数组成。鳞式的表达式为侧线鳞数下限值 $\dfrac{\text{侧线上鳞数}}{\text{侧线下鳞数}}$ 侧线鳞数上限值，如鳞式 $30\dfrac{5-7}{4-5-V}34$ 表示该种鱼类侧线鳞数目为30~34枚，侧线上鳞有5~7枚，以腹鳍为起点的侧线下鳞有4~5枚。

鳍条数包括背鳍、胸鳍、腹鳍和臀鳍的鳍条数。鳍条可分为不分支鳍条和分支鳍条。不分支鳍条有硬有软，硬的鳍条（鳍棘）数以大写罗马数字表示，软的鳍条（软棘）数以小写罗马数字表示。分支鳍条数以阿拉伯数字表示，通常按其基部分叉计数。鳍为一基时，不分支鳍条与分支鳍条数目之间以短连接号"-"相连；鳍条数有一定范围的，不分支鳍条与分支鳍条数目之间以长连接号"—"表示。鳍为二基时，前后鳍以逗号分开。

纵列鳞数指没有侧线或侧线不完全的鱼类从鳃裂上角开始沿体侧中轴至

最末一枚鳞片的鳞片数。

横列鳞数指没有侧线的鱼类从背鳍（如鲱科鱼类）或第二背鳍（如鰕虎鱼亚目鱼类）起点处向后斜数至腹部正中线或腹鳍起点处的鳞片数。

背鳍前鳞数指背鳍起点前方沿背中线的一列鳞片数。

围尾柄鳞数指环绕尾柄最低处一周的鳞片数。

鳃耙数指第一鳃弓外侧的鳃耙数。以角鳃骨弯处为界，分上下段，计数时常采取上段鳃耙数加下段鳃耙数的方式。

在鲤形目鱼类中，前4块脊椎骨愈合成复合椎体，因此通常用"4+……"来表示脊椎骨总数。

鲤科鱼类的最后1对鳃弓下部变形为下咽骨，其上着生下咽齿。下咽齿行数与形状常是鲤科鱼类分类的依据之一。左右下咽骨着生齿的数目与排列方式称为齿式，具体计数时按下咽骨先左后右、下咽齿由外向内依次计数。如齿式为2.3.5—5.3.2，表示左右下咽齿各3行，左下咽骨外侧第一行有齿2枚，第二行有齿3枚，第三行有齿5枚；右下咽骨内侧第一行有齿5枚，第二行有齿3枚，第三行有齿2枚。有时左右下咽骨上的齿数目不完全一致。

（二）乌原鲤外部形态特征

乌原鲤具有鲤形目鲤科鲤亚科鱼类的共同特点。体延长，侧扁，略呈纺锤形。头近圆锥形，头背面仅鼻孔处稍凹。吻圆钝，吻长大于眼径。眼中等大，上侧位。口亚下位，深弧形，口裂末端约达鼻孔前下方。唇与颌相连，唇后沟中断。须2对，吻须可达鼻孔下方，颌须稍粗长，后伸达眼前缘下方。鳃孔宽大。鳃耙短而细密或较稀疏，鳃耙数18~25。下咽齿扁，臼状或匙状，1~3行，个别4行。鳞中等大，侧线鳞数41~46；侧线完全，向后伸入尾柄正中。背鳍分支鳍条15~22枚；臀鳍分支鳍条5枚；背鳍、臀鳍末根不分支鳍条均为后缘具锯齿的硬刺；尾鳍深叉形。头及体背侧暗黑色，腹部银白色，体侧每枚鳞片基部具1小个黑点，组成11~12条纵向细条纹；鳍深黑色。原鲤属唇厚而密具细粒状乳突，吻部具许多珠星。乌原鲤与岩原鲤的表型性状的不同之处主要有4个：背鳍外缘形状、背鳍分支鳍条数、背鳍前鳞数、吻长与眼后头长的比例。乌原鲤背鳍外缘内凹而岩原鲤背鳍外缘平直，乌原鲤背鳍分支鳍条数为15~18，而岩原鲤背鳍分支鳍条数为18~21；乌原鲤背鳍前鳞数为

14~18，而岩原鲤背鳍前鳞数为12~14；乌原鲤吻长大于或等于眼后头长，而岩原鲤吻长小于眼后头长。

乌原鲤生物示意图见图1-2。

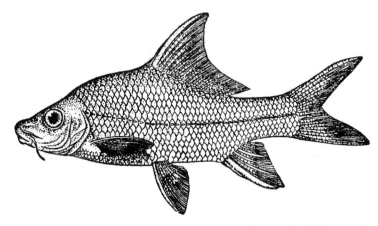

图1-2　乌原鲤生物示意图（引自《广西淡水鱼类志（第二版）》，2006）

（三）乌原鲤可数性状

乌原鲤的13个可数性状数据见表1-1。与之前不同研究者的调查记录数据相比，本研究中测量的乌原鲤13个可数性状中，背鳍鳍棘数、胸鳍鳍棘数、腹鳍鳍条数、臀鳍鳍棘数4项数据与历史记录完全一致，其余9项数据或位于原记录区间或略有变化。综合本研究数据及历史记录数据，认定乌原鲤的可数性状为：侧线鳞数41~45、侧线上鳞数7~9、侧线下鳞数5~7、背鳍鳍条数15~18、背鳍鳍棘数iv、胸鳍鳍条数17~20、胸鳍鳍棘数 i 、腹鳍鳍条数9、腹鳍鳍棘数 i ~ ii 、臀鳍鳍条数5~7、臀鳍鳍棘数 iii 、围尾柄鳞数16~18、背鳍前鳞数14~18。鳞式为 $41\frac{7-9}{5-7-V}45$。鳃耙数20~23。下咽齿式2.3.4—4.3.2。

表1-1　乌原鲤可数性状数据

性状	本研究雌鱼数据	本研究雄鱼数据	《广西淡水鱼类志》数据	《中国鲤科鱼类志》数据	可数性状数据
侧线鳞数	41~45	41~43	42~45	41~45	41~45
侧线上鳞数	8~9	7~9	8~9	8~9	7~9
侧线下鳞数	6~7	6	5~6	5~6	5~7
背鳍鳍条数	16~18	16~17	15~17	16~18	15~18

续表

性状	本研究雌鱼数据	本研究雄鱼数据	《广西淡水鱼类志》数据	《中国鲤科鱼类志》数据	可数性状数据
背鳍鳍棘数	iv	iv	iv	iv	iv
胸鳍鳍条数	17~19	17~20	18	19~20	17~20
胸鳍鳍棘数	i	i	i	i	i
腹鳍鳍条数	9	9	9	9	9
腹鳍鳍棘数	i~ii	ii	ii	i	i~ii
臀鳍鳍条数	6~7	6	5	5	5~7
臀鳍鳍棘数	iii	iii	iii	iii	iii
围尾柄鳞数	16	16	16~18	17~18	16~18
背鳍前鳞数	18	17	14~17	16~17	14~18

（四）乌原鲤可量性状

乌原鲤的不同可量性状的比值见表1-2。大部分数据与历史记录数据相近。综合本研究数据及历史记录数据，认定乌原鲤的可量性状中，体长分别是体高、头长、尾柄长和尾柄高的2.6~3.2倍、3.6~4.2倍、5.3~6.0倍和7.1~7.9倍，头长分别是吻长、眼径、眼间距、尾柄长和尾柄高的2.1~3.2倍、3.0~4.7倍、1.9~3.0倍、1.3~1.9倍和1.7~2.1倍，尾柄长是尾柄高的1.1~1.4倍。

表1-2　乌原鲤不同可量性状的比值

对比性状	本研究雌鱼数据	本研究雄鱼数据	标准差	平均值	《广西淡水鱼类志》数据	《中国鲤科鱼类志》数据	可量性状的比值数据
体长/体高	2.78	2.95	0.21	2.85	2.6~3.0	2.7~3.2	2.6~3.2
体长/头长	4.07	4.14	0.17	4.10	3.6~4.0	3.6~4.2	3.6~4.2
体长/尾柄长	6.15	5.53	0.40	5.90	5.3~6.0	—	5.3~6.0
体长/尾柄高	7.92	7.16	0.45	7.61	7.1~7.5	—	7.1~7.9
头长/吻长	2.32	2.23	0.20	2.28	2.5~3.2	2.1~2.8	2.1~3.2
头长/眼径	4.74	4.64	0.32	4.70	3.0~4.3	3.0~4.3	3.0~4.7
头长/眼间距	1.88	1.94	0.21	1.91	2.6~3.0	2.3~3.0	1.9~3.0
头长/尾柄长	1.51	1.34	0.12	1.44	1.5~1.9	1.3~1.75	1.3~1.9
头长/尾柄高	1.95	1.73	0.12	1.86	1.7~2.0	1.75~2.1	1.7~2.1
尾柄长/尾柄高	1.29	1.30	0.08	1.29	1.1~1.4	—	1.1~1.4

注："—"表示引用文献中没有列出该数据。

《中国鲤科鱼类志》和《广西淡水鱼类志》2部文献均描述过乌原鲤的形态特征，二者的记录数据相近，但略有差异。《中国鲤科鱼类志》记录原鲤属背鳍分支鳍条数16~21，乌原鲤背鳍分支鳍条数16~18、背鳍前鳞数16~17、围尾柄鳞数17~18（样本11尾，体长50~300 mm）。《广西淡水鱼类志》记录原鲤属背鳍分支鳍条数12~22，乌原鲤背鳍分支鳍条数15~17、背鳍前鳞数14~17、围尾柄鳞数16~18（样本8尾，体长108~211 mm）。本研究测量样本60尾，体长314.73~418.02 mm，本次测得乌原鲤背鳍分支鳍条数16~18、背鳍前鳞数17~18、围尾柄鳞数16。本研究测量结果大多在《中国鲤科鱼类志》和《广西淡水鱼类志》的记录范围内，但略有差异，差异较大的特征是乌原鲤腹鳍鳍棘的可数性状。《中国鲤科鱼类志》和《广西淡水鱼类志》分别记录乌原鲤腹鳍鳍棘数为 i 和 ii，本研究测量乌原鲤样本中腹鳍鳍棘数为 i 和 ii 均有出现，腹鳍鳍棘数为 i 和腹鳍鳍棘数为 ii 的样本数量比例为 1∶4，以腹鳍鳍棘数为 ii 的鱼较多，具体原因有待进一步研究。

（五）乌原鲤表型框架结构

乌原鲤表型框架结构测量数据包括由 10 个解剖学坐标点组成的共 21 个距离，分别为 1-2、1-9、1-10、2-3、2-8、2-9、2-10、3-4、3-7、3-8、3-9、4-5、4-6、4-7、4-8、5-6、5-7、6-7、7-8、8-9、9-10。框架结构测量解剖学坐标定位点参照乌原鲤框架结构测量示意图（图1-3），与常见调查研究的测量方法相仿。

乌原鲤 21 个框架结构测量数据与体长的比值见表 1-3。将比值进行主成分分析，前 5 个主成分特征值大于 1 且累积贡献率达 93.04％，具有代表性。主成分分析结果显示，第一主成分中 1-10、2-8、5-6、1-2 框架结构测量数据的载荷最显著，主要反映头长及尾柄的差异；第二主成分中 2-9 和 9-10 框架结构测量数据的载荷量远高于其他指标，主要反映头长及胸部的差异；第三主成分中 6-7、4-5、4-7 框架结构测量数据的载荷最显著，主要反映尾柄的差异；第四主成分中 7-8、3-4 和 3-8 框架结构测量数据的载荷量远高于其他指标，主要反映背鳍至臀鳍间躯干的差异。

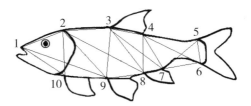

1为吻前端，2为鳃盖前端上侧，3为背鳍起点，4为背鳍基部末端，5为尾鳍基部上端，6为尾鳍基部下端，7为臀鳍基部末端，8为臀鳍起点，9为腹鳍起点，10为胸鳍起点。

图1-3　乌原鲤框架结构测量示意图

表1-3　乌原鲤框架结构测量数据与体长的比值

框架性状	雌鱼数据	雄鱼数据	平均值	标准差
1-2	0.1782	0.1763	0.1774	0.0099
1-9	0.4024	0.3871	0.3963	0.0151
1-10	0.1954	0.1891	0.1928	0.0145
2-3	0.2420	0.2491	0.2448	0.0085
2-8	0.4157	0.4407	0.4257	0.0506
2-9	0.2769	0.2657	0.2724	0.0094
2-10	0.1026	0.1077	0.1047	0.0038
3-4	0.2402	0.2349	0.2381	0.0092
3-7	0.3453	0.3425	0.3442	0.0150
3-8	0.3181	0.3075	0.3139	0.0108
3-9	0.2612	0.2512	0.2572	0.0104
4-5	0.1836	0.1970	0.1890	0.0166
4-6	0.2283	0.2305	0.2292	0.0098
4-7	0.1523	0.1617	0.1561	0.0094
4-8	0.1793	0.1851	0.1816	0.0147
5-6	0.1148	0.1155	0.1151	0.0055
5-7	0.1664	0.1877	0.1749	0.0148
6-7	0.1421	0.1311	0.1377	0.0189
7-8	0.0922	0.0906	0.0915	0.0051
8-9	0.1985	0.2036	0.2005	0.0062
9-10	0.2171	0.2051	0.2123	0.0147

（六）乌原鲤内部结构

1.皮肤

乌原鲤的皮肤分上皮与真皮，上皮较薄，真皮较厚。上皮细胞可分泌液体使鱼体表面润滑，主要起保护作用，如避敌、抵抗离水时的干燥等。鱼体两侧大多有一条或数条从单独小窝演变成的管状的线，称为侧线。侧线位于上皮，与鱼体长度相等，向前达头部，向后达尾鳍基部。头部和躯干部的侧线合称侧线系统。每枚侧线鳞有侧线孔，能感受水的低频率振动。乌原鲤的鳞片是圆鳞式的薄骨片，由真皮中的纤维形成，大部分埋在真皮中，于体面呈覆瓦状排列，形成防御层，可阻止微生物侵入机体，有助于抵抗疾病和避免感染。同时，乌原鲤的鳞片还承担起外骨骼的作用，能帮助其维持体型。

2.营养系统

乌原鲤的营养系统包括口咽腔、咽部、食管、肠、胆囊、肝胰脏等器官，无胃部器官。

①口咽腔。吻圆钝，口亚下位，马蹄形。口腔与咽腔之间没有明显的分界，故称为口咽腔。口咽腔较宽阔，腔内有下咽齿、舌与鳃耙。舌不发达，只有一小部分在口底突出，略呈正三角形；虽有舌肌，但较原始，不能自由活动。

②咽齿。上下颌骨均无齿，咽部有齿，称为咽齿。咽齿左右各3行，略呈圆锥形，咀嚼面凹入，顶端尖而稍弯，咽齿与咽背面的基枕骨腹面角质垫相对，两者能合力夹碎食物。

③发育齿。发育齿埋在咽骨腹面皮层里，左右各3个，位置接近第一排的咽齿。发育齿已具成齿的雏形，与成齿组织大致相似，但不如成齿坚硬。

④食管。食管较短，呈细管状，紧接咽部，后与膨大的前肠相连。鳔管在其背面与之相通。

⑤肠。肠较长且细，是鱼体体长的2~3倍，有三重回旋，可分为前肠、中肠和后肠。前肠较阔，略呈膨大的长囊状，由前向后逐渐变细，是主要的消化吸收场所。中肠较细，在腹腔内迂回盘旋。后肠紧接中肠，除直肠外，其管径较中肠粗，但不及前肠；后端为直肠，以肛门开口于臀鳍基部前方。肠的前部褶的深度最大且最复杂，肠的中部、后部褶的深度及复杂状况渐减。接近肠末端处的褶最浅、最简单，褶与褶的距离也甚疏。

⑥胆囊。胆囊为暗绿色的椭圆形囊，位于肠前部右侧，大部分埋在肝胰脏内，以胆管通入肠前部。

⑦肝胰脏。肝胰脏是具有肝脏和胰脏功能的消化腺。乌原鲤的肝脏无一定形状，分叶不明显，与胰腺混杂在一起，散漫附着在肠管之间的肠系膜上，呈暗红色，是主要消化腺。在显微镜下观察可发现肝脏和胰腺存在差异，胰腺在肝内的数量较少，且多分布于肝脏浅表层。肝小叶不明显，中央静脉很不规则，在肝内的分布没有规律性。

3. 呼吸系统

鱼类的呼吸系统包括口与口腔、鳃与鳃腔、鳃盖等部分，主要呼吸器官是鳃。口腔和鳃腔组成 2 个呼吸泵，口和鳃盖是控制进水和排水的"阀门"。

①鳃。鳃由鳃弓、鳃片、鳃耙组成，位于鳃盖之内，既可完成血液与水流间的气体交换，又能完成鳃本身的物质交换。鳃弓是真骨，其凹面有一系列齿状构造。这些齿状构造称为鳃耙，鳃耙侧扁且短，长不及鳃丝的一半。鳃弓凸面有纵沟，沟沿隆起有许多鳃片，一系列的鳃片形成一个半鳃，鳃弓最隆凸部位的鳃片长度最长，是完成气体交换的主要部位。

②鳔。鳔为脊柱腹面的银白色胶质囊状结构，在鱼体内是游泳器官，也具有呼吸功能。乌原鲤的鳔长几乎等于体腔的总长，分为前后二室，中间是一极短的细颈。后室大且长，其长度约为前室的 1.6 倍。前室近长圆形，前端稍平凸，后端稍小且圆凸；后室近似短尖的牛角形，前端近平凸，后端较尖细，似圆锥，向一侧或向腹面歪曲。后室前端腹面距细颈不远处有鳔管。鳔管前端稍胀大，呈乳头状，在食管末端背面与食管相通。成熟乌原鲤的鳔管稍弯曲。鳔管的作用十分重要。鳔中气体经过鳔管吸入或放出。若鳔中气体较少，鱼体于所在水层中可利用鳍及体肌浮至水面，吸入空气。有时鱼沉入底层，即将气体从鳔中放出，以调节其身体比重。吸入或放出空气，可使鳔中所存气体达到适当体积，便于鱼体停留于所在水层。鳔管的放松或紧缩，由支配它的神经来实现。

4. 循环系统

循环系统包括心脏、血管、脾脏与头肾等。

①心脏。心脏位于胸部腹面，由心室、心房、静脉窦 3 个部分组成。心室淡红色，前端与圆锥形的动脉球相连。心室前端与动脉球之间有半月瓣，

半月瓣是 2 片小瓣。动脉球由腹主动脉膨大而成。心房的体积较大于心室，位于心室背侧，暗红色，薄囊状。静脉窦位于心房后端，暗红色，壁很薄，和心房之间有 2 片小瓣，即窦房瓣。乌原鲤的动脉椎不发达，只有很小的部分位于心室前端，即心室通入动脉球之处。

②脾脏。脾脏是 1 对无管腺，细长，红褐色，位于肠前部背面的系膜上。白细胞在脾脏生成，衰老的红细胞在脾脏被清除，故脾脏属于循环系统。

③头肾。鱼类缺乏真正的淋巴腺而只有拟淋巴腺——头肾。头肾是肾脏前端向前侧面扩展，体积增大形成的，功能与脾脏相似。衰老的红细胞在此被清除，新的红细胞在此生成。

5. 泄殖系统

泄殖系统主要分为泌尿器官和生殖器官两大部分，包括肾脏、输尿管、膀胱、精巢、输精管、卵巢、输卵管等。

①泌尿器官。泌尿器官由肾脏、输尿管和膀胱构成。肾脏 1 对，红褐色，狭长，紧贴于腹腔背壁正中线两侧，在鳔的前后室相接处扩大或最宽。输尿管 1 对，由每肾最宽处通出的细管沿腹腔背壁后行，在近末端处两管汇合通入膀胱。膀胱 1 个，为近盾状的囊状结构，由两边输尿管末端合并扩大而成，前部较大于后部，末端稍细且开口于泄殖窦。

②生殖器官。生殖器官包括性腺，长囊状，被极薄的膜包裹，悬挂在腹腔背部。雄鱼的性腺为 1 对精巢，未性成熟时精巢淡红色，性成熟时精巢纯白色，常左右不对称且有裂隙。雌鱼的性腺为 1 对卵巢，未性成熟时卵巢淡橙黄色，长带状；性成熟时卵巢颜色甚黄，几乎充满整个腹腔，内有许多小卵粒。此外，输精管和输卵管也属于生殖器官，均起始于相应的性腺表面膜末端，甚短，左右各有 1 条，合并后通入泄殖窦。泄殖窦以泄殖孔开口于体外。

6. 感觉器官

感觉器官包括鼻、眼和内耳。鼻是鱼的嗅觉器官。鱼眼结构简单，既没有眼睑也没有泪腺，但对折射光线很敏感。内耳为鱼主要的听觉器官，亦有平衡身体的作用。

（七）乌原鲤形态性状与体质量关系

为探究乌原鲤形态性状与体质量的关系，本研究采集了 16 月龄乌原鲤

142 尾、4 月龄乌原鲤 83 尾，分别测定其体质量（Y）、全长（X_1）、体长（X_2）、躯干长（X_3）、体高（X_4）、体宽（X_5）、头长（X_6）、头高（X_7）、眼径（X_8）、吻长（X_9）、尾柄长（X_{10}）和尾柄高（X_{11}）共 12 个性状，利用相关性分析、通径分析和多元回归分析等方法，筛选影响乌原鲤体质量的主要形态性状，并建立形态性状与体质量的多元回归方程。

由表 1-4 可知，16 月龄乌原鲤的平均体质量为 21.976 g，4 月龄乌原鲤的平均体质量为 3.189 g。4 月龄乌原鲤体质量和形态性状的变异系数均大于 16 月龄乌原鲤。16 月龄乌原鲤个体中，11 个表型性状的变异系数为 6.855 % ～ 16.145 %；4 月龄乌原鲤个体中，11 个表型性状的变异系数为 9.697 % ～ 17.477 %。此外，16 月龄乌原鲤和 4 月龄乌原鲤体质量的正态分布检验表明，体质量均符合正态分布（$P>0.05$）。

表 1-4　乌原鲤形态性状统计分析表

性状	16 月龄			4 月龄		
	平均值	标准差	变异系数	平均值	标准差	变异系数
Y	21.976 g	3.950 g	17.976%	3.189 g	0.787 g	24.666%
X_1	121.146 mm	11.010 mm	9.089%	67.771 mm	6.572 mm	9.697%
X_2	95.502 mm	8.991 mm	9.414%	52.613 mm	5.107 mm	9.708%
X_3	70.025 mm	6.922 mm	9.884%	38.830 mm	4.168 mm	10.733%
X_4	29.712 mm	3.060 mm	10.300%	15.190 mm	1.969 mm	12.963%
X_5	14.962 mm	1.026 mm	6.855%	7.693 mm	0.876 mm	11.390%
X_6	25.040 mm	2.518 mm	10.057%	14.412 mm	1.723 mm	11.957%
X_7	20.863 mm	2.480 mm	11.886%	12.127 mm	1.646 mm	13.574%
X_8	9.451 mm	0.808 mm	8.548%	5.875 mm	0.752 mm	12.795%
X_9	6.429 mm	1.038 mm	16.145%	3.332 mm	0.582 mm	17.477%
X_{10}	16.183 mm	1.800 mm	11.122%	9.012 mm	1.492 mm	16.556%
X_{11}	11.193 mm	1.088 mm	9.719%	5.938 mm	0.705 mm	11.867%

注：Y 代表体质量，X_1 代表全长，X_2 代表体长，X_3 代表躯干长，X_4 代表体高，X_5 代表体宽，X_6 代表头长，X_7 代表头高，X_8 代表眼径，X_9 代表吻长，X_{10} 代表尾柄长，X_{11} 代表尾柄高。

由表 1-5 可知，16 月龄乌原鲤形态性状与体质量的相关系数均达到极显著水平（$P<0.01$），在 4 月龄乌原鲤个体中也出现相同的情况。16 月龄乌原鲤和 4 月龄乌原鲤中，体宽与体质量的相关系数都是最高的，分别达到 0.773 和

0.876。4月龄乌原鲤的尾柄长与体质量、头长和头高的相关性达到显著水平（$P<0.05$），与全长、体长、躯干长和体高的相关性达到极显著水平（$P<0.01$），与体宽、眼径和吻长的相关性不显著（$P>0.05$）。

表 1-5　乌原鲤形态性状与体质量间的相关性分析

	Y	X_1	X_2	X_3	X_4	X_5	X_6	X_7	X_8	X_9	X_{10}	X_{11}
Y		0.659**	0.679**	0.649**	0.738**	0.773**	0.511**	0.627**	0.331**	0.500**	0.479**	0.693**
X_1	0.732**		0.981**	0.972**	0.949**	0.507**	0.859**	0.927**	0.773**	0.765**	0.769**	0.938**
X_2	0.755**	0.982**		0.981**	0.960**	0.547**	0.870**	0.940**	0.775**	0.782**	0.785**	0.939**
X_3	0.735**	0.956**	0.967**		0.952**	0.504**	0.886**	0.945**	0.788**	0.810**	0.723**	0.941**
X_4	0.781**	0.948**	0.956**	0.945**		0.632**	0.848**	0.937**	0.744**	0.727**	0.736**	0.958**
X_5	0.876**	0.619**	0.634**	0.601**	0.657**		0.363**	0.544**	0.232**	0.377**	0.386**	0.563**
X_6	0.683**	0.922**	0.900**	0.906**	0.902**	0.596**		0.872**	0.828**	0.814**	0.634**	0.834**
X_7	0.777**	0.908**	0.895**	0.888**	0.942**	0.725**	0.902**		0.785**	0.801**	0.707**	0.899**
X_8	0.482**	0.751**	0.717**	0.736**	0.710**	0.413**	0.792**	0.697**		0.651**	0.609**	0.738**
X_9	0.390**	0.448**	0.432**	0.421**	0.497**	0.311**	0.588**	0.516**	0.523**		0.550**	0.698**
X_{10}	0.209*	0.352**	0.414**	0.322**	0.333**	0.099	0.185*	0.193*	0.165	0.001		0.687**
X_{11}	0.599**	0.737**	0.757**	0.721**	0.769**	0.519**	0.621**	0.730**	0.513**	0.283**	0.311**	

注：Y代表体质量，X_1代表全长，X_2代表体长，X_3代表躯干长，X_4代表体高，X_5代表体宽，X_6代表头长，X_7代表头高，X_8代表眼径，X_9代表吻长，X_{10}代表尾柄长，X_{11}代表尾柄高，** 代表相关性极显著（$P<0.01$），* 代表相关性显著（$P<0.05$）。对角线上方代表 16 月龄个体，对角线下方代表 4 月龄个体。

由表 1-6 可知，对 16 月龄乌原鲤体质量的直接作用达到极显著水平的是体宽、体高和眼径（$P<0.01$），体宽和体高对体质量的直接作用均大于间接作用。体高对体质量的直接作用最大，为 0.687。眼径对体质量的直接作用为 -0.274，但眼径通过体宽和体高对体质量的间接作用为 0.604，因此，眼径对体质量为正向作用。

由表 1-7 可知，对 4 月龄乌原鲤体质量的直接作用达到极显著水平的是体宽和体高（$P<0.01$），达到显著水平的是头高（$P<0.05$），体宽对体质量的直接作用最大，为 0.691。头高对体质量的直接作用为 -0.287，但头高通过体宽和

体高对体质量的间接作用为 1.063，因此，头高对体质量为正向作用。

表1-6　16月龄乌原鲤形态性状与体质量的通径分析

性状	相关系数	直接作用	间接作用			
			$\sum$	X_5	X_4	X_8
X_5	0.773^{**}	0.402^{**}	0.370		0.434	−0.064
X_4	0.738^{**}	0.687^{**}	0.050	0.254		−0.204
X_8	0.331^{**}	-0.274^{**}	0.604	0.093	0.511	

注：X_4 代表体高，X_5 代表体宽，X_8 代表眼径，** 代表差异极显著（$P<0.01$）。

表1-7　4月龄乌原鲤形态性状与体质量的通径分析

性状	相关系数	直接作用	间接作用			
			$\sum$	X_5	X_4	X_7
X_5	0.876^{**}	0.691^{**}	0.184		0.392	−0.208
X_4	0.781^{**}	0.597^{**}	0.184	0.454		−0.270
X_7	0.777^{**}	-0.287^{*}	1.063	0.501	0.562	

注：X_4 代表体高，X_5 代表体宽，X_7 代表头高，** 代表差异极显著（$P<0.01$），* 代表差异显著（$P<0.05$）。

由表1-8可知，体高对16月龄乌原鲤的单独决定系数最高，为0.472。体宽和眼径对体质量的共同决定系数与体高和眼径对体质量的共同决定系数均为负值，表明它们负向影响16月龄乌原鲤的体质量。体宽、体高和眼径对体质量的单独决定系数、共同决定系数之和为0.717。

由表1-9可知，体宽对4月龄乌原鲤的单独决定系数最高，为0.477，体宽和体高对体质量的共同决定系数低于体高对体质量的单独决定系数，体宽、体高和头高对体质量的单独决定系数、共同决定系数之和为0.881。

表1-8　16月龄乌原鲤形态性状对体质量的决定程度分析

性状	X_5	X_4	X_8
X_5	0.162	0.174	−0.026
X_4		0.472	−0.140
X_8			0.075

注：X_4 代表体高，X_5 代表体宽，X_8 代表眼径，对角线的数字表示性状对体质量的单独决定系数。

表1-9　4月龄乌原鲤形态性状对体质量的决定程度分析

性状	X_5	X_4	X_7
X_5	0.477	0.271	−0.144
X_4		0.356	−0.161
X_7			0.082

注：X_4代表体高，X_5代表体宽，X_7代表头高，对角线的数字表示性状对体质量的单独决定系数。

采用逐步多元回归分析方法，剔除对体质量影响不显著的形态性状后，建立影响乌原鲤体质量的多元回归方程。在16月龄乌原鲤个体中，建立以体质量（Y_A）为依变量，体宽（X_5）、体高（X_4）和眼径（X_8）为自变量的多元回归方程 $Y_A=-14.891+1.548X_5+0.887X_4-1.339X_8$；在4月龄乌原鲤个体中，建立以体质量（$Y_B$）为依变量，体宽（$X_5$）、体高（$X_4$）和头高（$X_7$）为自变量的多元回归方程 $Y_B=-3.544+0.621X_5+0.238X_4-0.137X_7$。由表1-10可知，对16月龄乌原鲤和4月龄乌原鲤形态性状与体质量回归关系的方差分析表明，回归关系达显著水平（$P<0.05$），具备统计学意义。

表1-10　多元回归方程的偏回归系数和回归系数显著性检验

	项目	非标准化系数		标准系数	t统计量	误差概率
		回归系数	标准误差			
16月龄	常量	−14.891	3.459		−4.305	0.000**
	X_5	1.548	0.249	0.402	6.223	0.000**
	X_4	0.887	0.121	0.687	7.316	0.000**
	X_8	−1.339	0.366	−0.274	3.657	0.000**
4月龄	常量	−3.544	0.324		−10.951	0.000**
	X_5	0.621	0.057	0.691	10.823	0.000**
	X_4	0.238	0.052	0.597	4.410	0.000**
	X_7	−0.137	0.069	−0.287	−1.996	0.049*

注：X_4代表体高，X_5代表体宽，X_7代表头高，X_8代表眼径，**代表差异极显著（$P<0.01$），*代表差异显著（$P<0.05$）。

运用SPSS 20.0将通径分析得到的显著影响体质量的形态性状与体质量进

行拟合曲线分析，根据 R^2 最大的原则，从线性曲线、二次项曲线、复合曲线、增长曲线、对数曲线、立方曲线、S 曲线、指数曲线、逆模型、幂函数模型、Logistic 模型等 11 个模型中，选择最优拟合曲线，结果见表 1–11。在 4 月龄乌原鲤中，体高与体质量的最优拟合曲线方程为 $Y=0.030X_4^{1.702}$，体宽与体质量的最优拟合曲线方程为 $Y=e^{3.160-15.452/X_5}$，头高与体质量的最优拟合曲线方程为 $Y=0.078（X_7^{1.479}）$；在 16 月龄乌原鲤中，体高与体质量的最优拟合曲线方程为 $Y=-18.921+1.5772X_4+0.000X_4^2-0.000X_4^3$，体宽与体质量的最优拟合曲线方程为 $Y=-89.120+9.585X_5+0.000X_5^2-0.010X_5^3$，眼径与体质量的最优拟合曲线为 $Y=36.371+0.000X_8-0.672X_8^2+0.053X_8^3$。最优拟合曲线图见图 1–4。

表 1–11 形态性状与体质量的最优拟合曲线参数

年龄	模型	自变量	R^2	显著性	参数估计值			
					常数	b_1	b_2	b_3
4 月龄	幂函数模型	X_4	0.736	0.000**	0.030	1.702		
4 月龄	S 曲线	X_5	0.824	0.000**	3.160	−15.452		
4 月龄	幂函数模型	X_7	0.721	0.000**	0.078	1.479		
16 月龄	立方曲线	X_4	0.550	0.000**	−18.921	1.5772	0.000	−0.000
16 月龄	立方曲线	X_5	0.626	0.000**	−89.120	9.585	0.000	−0.010
16 月龄	立方曲线	X_8	0.152	0.000**	36.371	0.000	−0.672	0.053

注：X_4 代表体高，X_5 代表体宽，X_7 代表头高，X_8 代表眼径，** 代表差异极显著（$P<0.01$）。

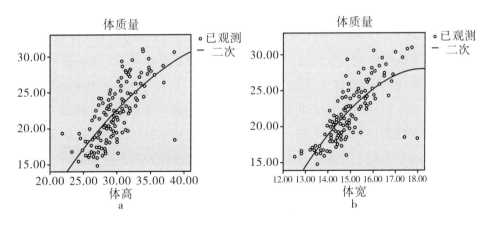

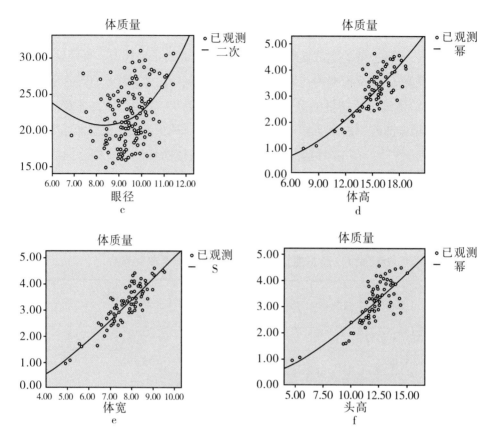

图1-4 形态性状与体质量的最优拟合曲线图

注：a、b、c分别是16月龄乌原鲤体高、体宽和眼径与体质量的最优拟合曲线图，d、e、f分别是4月龄乌原鲤体高、体宽和头高与体质量的最优拟合曲线图。

在16月龄乌原鲤个体中，相关性分析表明体宽与体质量的相关系数最高，通径分析也表明体宽对体质量的直接作用达到极显著水平，是影响体质量的主要形态性状；眼径对体质量也产生显著影响，但眼径与体质量的相关系数却很低，仅为0.331，通径分析拆解其对体质量的直接作用和间接作用表明，眼径对体质量的直接作用为负值，主要是通过体高和体宽对体质量产生显著影响。这就表明相较于相关性分析，通径分析更能准确表现自变量对因变量的影响程度，找到影响因变量的主要自变量。

通过对乌原鲤形态性状与体质量的通径分析，影响16月龄乌原鲤体质量的主要形态性状是体高、体宽和眼径，影响4月龄乌原鲤体质量的主要形态性状是体高、体宽和头高，但总决定系数均小于0.85。与4月龄乌原鲤相比，16 月龄乌原鲤主要存在头部形态和眼径的差异，可能是随着乌原鲤的生长，眼径占头部比例增大的原因，也可能因为眼径较大是乌原鲤的一个独特特征。通过多元回归分析建立了 16 月龄乌原鲤形态性状与体质量的多元回归方程 $Y_A=-14.891+1.548X_5+0.887X_4-1.339X_8$，4 月龄乌原鲤形态性状与体质量的多元回归方程 $Y_B=-3.544+0.621X_5+0.238X_4-0.137X_7$。

二、乌原鲤生活习性

乌原鲤为中下层鱼类，主要生活在珠江流域西江水系干流和支流水质清新的水域，多栖息于流水深处底质为岩石的水体，亦能生活于流速较缓慢的水体底部，有短距离的洄游习性，繁殖期溯江上游到有流水的砂石底河段繁殖，洪水期向下游游动。乌原鲤属于杂食性鱼类，主要以底栖无脊椎动物为食，食物组成包括水生昆虫如摇蚊科、毛翅目、蜉蝣目等，软体动物如螺、蚬等，节肢动物如虾等，浮游植物如丝状藻类等，浮游动物如原生动物、轮虫、枝角类和桡足类等。乌原鲤仔鱼和稚鱼主要以浮游动物为食，长至体长 3 mm 以后，主要以底栖生物为食。养殖条件下或经过驯化后，乌原鲤亦能摄食投喂的人工饵料。因为乌原鲤的取食方式是吮吸，所以在进食时常将少量的泥沙带入肠管中。乌原鲤一般 3~5 龄性成熟，卵巢同步发育、同步成熟、卵径相近，为一年一次产卵型鱼类，产卵季节为 2~4 月。成熟卵子形态相近，黄色，沉性，卵径 1.68~1.98 mm，黏性较强。乌原鲤的自然水域产卵场多在水流湍急、着生较多藻类的沙滩石边、沙滩尾处。乌原鲤体重多为 0.5~1.0 kg，最重可达 7.0 kg。乌原鲤天然产量不高，但肉厚，鲜美可口，故曾被视为上等经济鱼类。

如表 1-12 和图 1-5 所示，乌原鲤的耗氧率研究结果表明，乌原鲤的白天耗氧率普遍高于晚上，说明其具有夜伏昼出的生活习性。但是在不同水温梯度下，其夜间特别是黎明时会出现耗氧高峰。由于夜间养殖水体中的植物不进行光合作用，导致溶解氧含量下降，可根据需要，提供光照进行投喂或停止投喂，同时进行增氧。不同光照强度下乌原鲤的耗氧率并无显著差异，但黑暗环境中耗氧率最低，可能与黑暗环境下鱼体活动减缓、新陈代谢降低有关，具体原因有待进一步探究。

表 1-12　不同光照强度下乌原鲤的耗氧率与临界窒息点

组别	光照强度 /lx	体重 /g	体长 /mm	平均耗氧率 / ($\text{mg} \cdot \text{g}^{-1} \cdot \text{h}^{-1}$)	临界窒息点 / ($\text{mg} \cdot \text{L}^{-1}$)	窒息耗氧率 / ($\text{mg} \cdot \text{g}^{-1} \cdot \text{h}^{-1}$)
D	8.00 ± 1.40	8.00 ± 1.40	76.21 ± 4.29a	0.15 ± 0.06	1.7729	0.0667
E	500~600	7.54 ± 1.36	71.46 ± 3.99b	0.16 ± 0.08	1.2316	0.0662
F	1200~1300	8.07 ± 0.80	72.33 ± 3.57b	0.16 ± 0.07	1.1639	0.0661

注：同列数据后不同小写字母表示差异显著（$P>0.05$）。

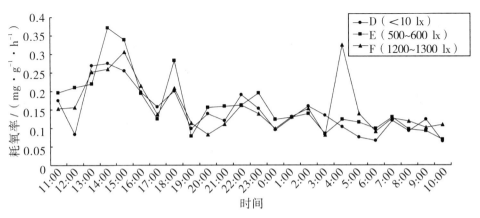

图 1-5　同光照强度下乌原鲤的耗氧率昼夜节律

如表 1-13 和图 1-6 所示，在最适生长水温范围内，乌原鲤耗氧率随水温的升高而增加，水温较高时，乌原鲤的耗氧率高峰出现在上午，水温较低时则出现在下午。耗氧率越高，表明鱼体新陈代谢越活跃，摄食欲望更强烈。因此，在乌原鲤养殖过程中，夏秋季水温较高时可在上午耗氧率高峰出现时进行投喂，春冬季水温较低时宜在下午投喂以减少饵料浪费，提高摄食率。

乌原鲤的临界窒息点随水温升高而增加，随光照强度的降低而增加，因此冬季必须注意夜间增氧，保持增氧设备开启并及时监测水中溶解氧含量，若气温过低还需补偿因增氧造成的热量散失，以免造成经济损失。

调查发现，水深 10 m 左右的水库水层水温长年保持在 15~20 ℃，溶解氧含量低至 1.0 mg/L 以下，已低于乌原鲤的临界窒息点，不适合乌原鲤生存，因此乌原鲤在拦坝库区的深水区更易缺氧，甚至死亡，其生存空间远小于其他具有更低临界窒息点的鱼类。此外，水流平缓会直接阻碍水底营养物质的垂直扩散，同时造成水底淤泥的沉积覆盖原有岩石底质，使乌原鲤的生存摄食空间由原来的整个河道被挤压至河流两岸浅水层，导致其更容易被渔民捕获，种间竞争也更加激烈。结合渔民访问和鱼类资源监测结果可知，广西的乌原鲤种群有沿着河流上溯的行为，目前在大型水库已捕捞不到，仅剩小部分种群生活在河池市金城江区的柳江上游支流龙江拔贡河段。该河段水流湍急，溶解氧含量较高。可见，乌原鲤的高耗氧率和高临界窒息点直接限制其自然种群分布，仅能适应部分河段，这也是造成其种群急剧减少的原因。

表 1-13　不同水温下乌原鲤的耗氧率与临界窒息点

组别	水温 /℃	体重 /g	体长 /mm	平均耗氧率 / (mg·g^{-1}·h^{-1})	临界窒息点 / (mg·L^{-1})	窒息耗氧率 / (mg·g^{-1}·h^{-1})
A	14	7.31±0.86	69.73±4.00	0.19±0.07b	1.2180	0.1089
B	19	7.03±1.12	68.36±4.09	0.22±0.06b	1.4887	0.1325
C	24	6.84±0.93	68.99±3.17	0.29±0.07a	1.5023	0.1718

注：同列数据后不同小写字母表示差异显著（$P > 0.05$）。

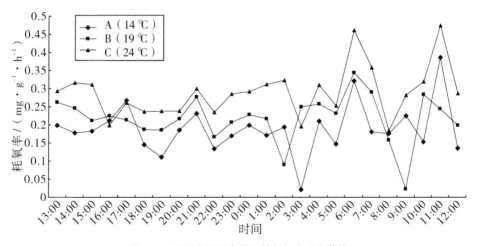

图 1-6　不同水温下乌原鲤的耗氧率昼夜节律

三、乌原鲤年龄与生长

乌原鲤的生长发育与其生存水域的生态环境质量、气温、水温、食物质量及丰富度、性别差异等密切相关。乌原鲤的生长发育相对缓慢，通过实验室试验、池塘养殖及野外调查发现，乌原鲤生长至成鱼之前，在实验室培育的生长速度较慢，在池塘养殖培育的生长速度比在实验室培育的快，而在自然水域中自由生长的乌原鲤生长速度又比池塘养殖培育得更快。这可能与饵料的丰富度和生长环境有关，因为在实验室的生长环境最差，饵料的适口性、合理性和食物数量与质量可能无法达到要求；而池塘的养殖密度往往相对较高，且同样存在饵料的适口性、合理性和食物数量与质量问题。在其他生长环境条件相近的情况下，水温相对较高的条件下，乌原鲤的生长速度明显加快。乌原鲤的年龄一般可以通过以下方法进行判别。

①通过体长和体重相关关系鉴定。通过大批测量渔获物中同一种鱼的体长和体重组合来统计分析它们的年龄组合。

②通过年轮鉴定。鱼类的生长具有年周期性，在季节因素和性腺发育因素影响下，其生长状况的变化会在硬组织上留下痕迹，形成所谓的"年轮"。可用于鉴定年龄的硬组织有鳞片、骨骼、鳍条和耳石等。乌原鲤的鳞片年轮环片完整，与大多数鲤科鱼类的年轮同属切割型。

③通过鱼类标准进行推算。A.通过体长与体重标准关系进行推算。在经过大量调查、试验研究、反复验证后，获得该鱼种的体长与体重标准关系范围，即可以通过该关系在已知体长或体重数值的条件下进行其大概年龄推算。B.通过年轮生长特征进行推算。鱼类体长的生长与年轮（鳞片、耳石、脊椎骨、鳍条等）上相应轮径的宽度成正相关关系，应用此特性，可以推算出鱼类年龄。

（一）实验室培育条件下乌原鲤60日龄生长特征

实验室培育条件下乌原鲤60日龄生长特征见表1–14。根据获得的生长数据，拟合出的乌原鲤60日龄体长和体重幂函数关系回归方程为 $W = 0.020L^{2.667}$（n=19，R^2=0.979）。乌原鲤60日龄体长和体重幂函数关系见图1–7。

表1–14　实验室培育条件下乌原鲤60日龄生长特征表

日龄 /d	全程实验室室内培育箱培育（水温 16~20 ℃）			前10日遮阳棚室外培育箱培育，10日后移至池塘培育（水温 20~26 ℃）
	全长 /mm	体长 /mm	体重 /g	全长 /mm
1	6.10	5.30	0.0045	6.640
2	6.50	5.50	0.0050	7.311

续表

日龄 /d	全程实验室室内培育箱培育 （水温 16~20 ℃）			前10日遮阳棚室外培育箱培育， 10日后移至池塘培育 （水温 20~26 ℃）
	全长 /mm	体长 /mm	体重 /g	全长 /mm
3	7.24	5.90	0.0055	8.126
4	7.97	6.40	0.0060	8.996
5				9.637
6	9.50	7.50	0.0070	9.706
8				10.530
10				11.702
11	15.00	10.50	0.0155	
12				13.382
15				15.495
16				16.305
18				19.247
19	18.20	12.50	0.0425	
20				22.426
21	18.30	12.50	0.0430	
23	18.40	13.00	0.0454	
25	22.20	15.50	0.0535	
26	23.00	17.00	0.0710	
29	22.50	16.50	0.0662	
30				30.337
33	23.50	17.50	0.0865	
35	23.50	17.50	0.0699	
42	27.00	19.50	0.1203	
50	28.00	20.00	0.1668	
51	28.00	20.50	0.1742	
55				53.150
56	30.00	22.50	0.1997	
60	32.00	24.00	0.2367	

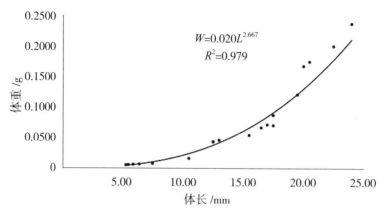

图 1-7　实验室培育条件下乌原鲤 60 日龄体长和体重幂函数关系图

（二）池塘培育条件下乌原鲤 12 月龄生长特征

池塘培育条件下乌原鲤 12 月龄生长特征见表 1-15。根据获得的生长数据，拟合出的乌原鲤 12 月龄全长和体重幂函数关系回归方程为 $W = 5.0168x^{-5}$ $L^{2.5640}$（n=282，R^2=0.9216）。乌原鲤 12 月龄全长和体重幂函数关系见图 1-8。

表 1-15　池塘培育条件下乌原鲤 12 月龄生长特征表

1 月龄		2 月龄		3 月龄		4 月龄		5 月龄	
全长 / mm	体重 / g	全长 / mm	体重 / g	全长 / mm	体重 / g	全长 / mm	体重 / g	全长 / mm	体重 / g
44.12	0.44	44.00	0.53	50.59	1.30	70.00	2.75	60.94	2.80
31.14	0.41	41.00	0.58	61.69	2.80	54.00	1.21	72.76	4.70
41.13	0.50	45.00	0.71	67.30	2.80	60.00	1.72	74.72	4.30
46.56	0.39	46.00	0.66	65.49	3.00	66.00	1.89	58.53	1.80
37.43	0.46	43.00	0.58	64.52	2.60	55.00	1.80	72.73	3.90
32.27	0.58	41.00	0.64	59.67	2.10	60.00	1.48	73.59	4.20
37.19	0.59	39.00	0.69	49.31	1.40	76.00	3.90	64.87	2.60
36.43	0.55	41.00	0.73	63.27	2.70	67.00	2.47	66.78	3.00
42.98	0.46	45.00	0.77	51.61	1.60	69.00	2.79	71.75	3.80
36.02	0.51	43.00	0.79	54.85	1.80	65.00	2.50	69.16	3.10
39.65	0.57	40.00	0.67	51.80	1.20	57.00	1.76	69.29	3.10

续表

1月龄		2月龄		3月龄		4月龄		5月龄	
全长/mm	体重/g	全长/mm	体重/g	全长/mm	体重/g	全长/mm	体重/g	全长/mm	体重/g
33.27	0.56	41.00	0.62	56.54	1.90	63.00	1.85	67.59	2.70
45.13	0.56	41.00	0.63	57.28	1.90	67.00	1.94	62.20	2.30
37.04	0.52	46.00	0.65	56.43	1.40	64.00	1.80	68.40	2.90
34.59	0.49	43.00	0.57	64.07	2.20	72.00	2.83	71.24	3.70
32.10	0.46	45.00	0.48	54.74	1.70	73.00	3.20	66.67	2.60
41.58	0.50	40.00	0.62	59.88	1.80	68.00	2.52	62.28	2.20
34.38	0.58	41.00	0.67	54.75	1.40	61.00	1.95	72.91	4.30
36.05	0.44	45.00	0.66	69.34	3.20	67.00	2.39	66.12	2.60
37.53	0.55	42.00	0.61	68.23	3.10	72.00	3.15	73.04	3.90
40.08	0.51	41.00	0.59	56.16	2.20	70.00	2.86	62.88	2.10
38.45	0.48	43.00	0.63	67.89	3.10	66.00	1.97	69.26	3.20
33.37	0.58	40.00	0.54	54.42	1.70	65.00	1.90	69.61	3.10
41.09	0.49	44.00	0.68	49.51	1.00	73.00	3.08	95.23	4.60
46.32	0.48	43.00	0.61	60.36	2.10	64.00	1.84	63.02	2.50
				55.24	1.60			61.53	2.20
				54.22	1.50			70.60	4.00
				57.98	1.70			68.62	2.70
				48.85	1.40			70.59	3.50
				65.16	3.10			70.09	3.60
				67.96	3.30			68.40	3.10
				62.10	2.40			63.37	2.30
				54.46	1.70			60.34	2.00
				52.15	1.70			54.66	1.90
				56.87	1.70			66.06	2.60
				65.92	2.80			72.41	3.90
				66.66	2.60			69.49	3.20
				66.16	2.60			68.92	3.30
				54.60	1.40			62.91	2.30

续表

1月龄		2月龄		3月龄		4月龄		5月龄	
全长/mm	体重/g	全长/mm	体重/g	全长/mm	体重/g	全长/mm	体重/g	全长/mm	体重/g
				64.69	2.10			68.48	2.90
								67.55	3.00
								61.58	2.10
								66.40	2.90
								73.30	4.20
								76.91	4.40
								74.25	3.80
								62.91	2.80
								62.89	2.20
								62.95	2.40
								60.29	2.00
								67.08	2.80
								60.06	1.70
								61.71	2.20
								59.72	2.10
								58.24	1.70
								69.43	3.60
								70.33	3.40
								58.84	2.10

6月龄		7月龄		8月龄		12月龄		
全长/mm	体重/g	全长/mm	体重/g	全长/mm	体重/g	全长/mm	体长/mm	体重/g
74.55	3.24	88.50	4.13	112.43	5.89	124.07	94.89	16.7
76.18	3.47	79.67	3.94	97.98	5.46	131.15	101.02	22.0
80.04	3.88	71.59	3.65	93.46	5.38	134.74	102.96	23.7
81.12	4.32	94.34	4.22	100.88	5.16	127.51	98.28	19.8
79.68	4.03	98.10	4.35	107.43	5.09	128.82	101.38	20.6
77.44	3.70	86.45	3.97	92.44	4.53	137.63	107.07	23.0

续表

6 月龄		7 月龄		8 月龄		12 月龄		
全长 / mm	体重 / g	全长 / mm	体重 / g	全长 / mm	体重 / g	全长 / mm	体长 / mm	体重 / g
73.01	3.24	95.71	4.83	119.41	6.03	117.92	90.45	15.8
74.36	3.19	101.42	5.81	93.46	5.13	128.65	100.52	22.2
81.33	4.33	91.53	4.67	99.42	5.06	109.26	82.55	11.9
76.14	3.83	84.35	3.46	97.68	4.67	114.33	88.92	14.9
76.00	3.56	84.62	3.94	91.54	4.37	124.50	95.08	17.9
79.64	3.89	76.99	3.44	93.46	4.69	138.83	106.13	27.2
81.21	4.19	89.23	4.52	97.82	4.88	127.60	99.57	19.9
77.11	3.59	96.45	4.67	100.68	4.99			
72.46	3.98	99.46	4.92	103.41	5.12			
78.46	3.64	94.72	4.31	92.58	4.56			
79.21	3.62	96.47	4.19	98.46	4.36			
84.51	3.76	92.81	3.93	99.42	4.87			
80.23	3.65	79.92	3.87	94.74	4.45			
76.71	3.44	91.63	4.33	95.83	4.92			
74.59	3.01	83.47	4.02	104.35	5.16			
79.81	3.37	83.24	3.99	101.01	5.07			
80.05	3.79	89.34	4.24	96.52	4.99			
81.34	3.66	98.25	4.86	95.38	4.68			
86.01	4.02	93.14	4.65	99.46	5.13			
73.21	3.24	92.46	4.34	93.86	4.76			
69.56	2.98	97.56	4.98	97.58	4.84			
80.56	3.44	88.41	4.09	104.38	5.04			
79.13	3.50	90.21	4.39	105.31	5.11			
83.56	3.76	93.46	4.55	98.67	4.83			
88.13	4.12	84.74	4.19	96.29	4.94			
82.59	3.76	92.21	4.79	97.37	4.98			

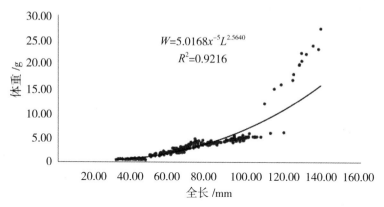

图 1-8　池塘培育条件下乌原鲤 12 月龄全长和体重幂函数关系图

（三）乌原鲤 1 龄以上生长特征

调查获得的 1 龄以上池塘培育及自然环境生长的乌原鲤生长特征见表
1-16。根据获得的生长数据，拟合出的乌原鲤 1 龄以上全长和体重幂函数关
系回归方程为 $W = 4.3785x^{-6}L^{3.1626}$（$n=55$，$R^2=0.9971$）。1 龄以上乌原鲤全长
和体重幂函数关系见图 1-9。

表 1-16　1 龄以上乌原鲤生长特征表

序号	体重 / g	全长 / mm	体长 / mm	序号	体重 / g	全长 / mm	体长 / mm
1	848.40	405.50	314.73	29	981.50	447.06	342.86
2	1083.30	442.08	351.07	30	836.40	400.00	301.26
3	968.90	445.00	340.06	31	900.16	417.50	322.13
4	1240.90	455.00	358.00	32	16.70	124.07	94.89
5	1128.00	455.00	362.00	33	22.00	131.15	101.02
6	1357.80	510.00	385.00	34	23.70	134.74	102.96
7	1606.10	525.00	405.00	35	19.80	127.51	98.28
8	1221.70	460.00	364.00	36	20.60	128.82	101.38
9	823.70	392.00	311.00	37	23.00	137.63	107.07
10	1773.00	515.00	418.00	38	15.80	117.92	90.45

续表

序号	体重/g	全长/mm	体长/mm	序号	体重/g	全长/mm	体长/mm
11	900.20	423.60	327.81	39	22.20	128.65	100.52
12	868.50	409.50	315.93	40	11.90	109.26	82.55
13	1000.90	448.72	346.67	41	14.90	114.33	88.92
14	1170.30	452.70	361.42	42	17.90	124.50	95.08
15	974.20	446.00	343.60	43	27.20	138.83	106.13
16	914.70	426.12	330.20	44	19.90	127.60	99.57
17	897.10	414.00	326.05	45	100.10	209.04	155.00
18	1216.80	453.10	355.79	46	108.50	212.13	168.08
19	1204.00	452.00	355.01	47	84.80	197.65	151.61
20	1321.40	468.60	375.62	48	465.00	360.00	305.00
21	1189.20	458.03	356.43	49	425.00	350.00	300.00
22	992.30	446.80	347.59	50	477.00	380.00	300.00
23	1205.80	458.00	363.00	51	553.00	390.00	315.00
24	1326.10	500.20	377.02	52	484.00	340.00	270.00
25	835.70	401.70	319.06	53	534.00	375.00	395.00
26	1176.40	457.00	360.12	54	531.00	370.00	300.00
27	1553.70	514.00	416.70	55	565.00	370.00	300.00
28	1209.80	457.00	358.51				

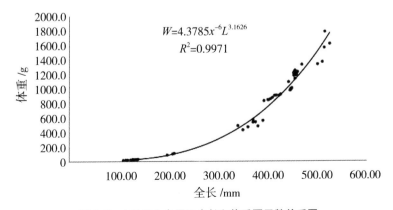

图1-9　1龄以上乌原鲤全长和体重幂函数关系图

（四）乌原鲤生活史生长特征

根据实验室培育和调查获得的乌原鲤60日龄生长特征、12月龄生长特征、1龄以上生长特征，拟合出的乌原鲤整个生活史全长和体重幂函数关系回归方程为 $W = 6.5838x^{-6}L^{3.0544}$（$n$=343，$R^2$=0.9841）。乌原鲤整个生活史全长和体重幂函数关系见图1-10。

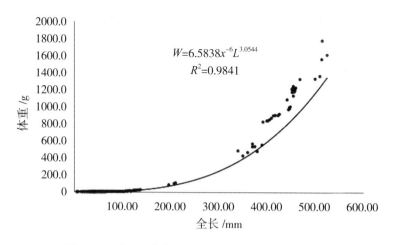

图1-10　乌原鲤整个生活史全长和体重幂函数关系图

四、乌原鲤繁殖生物学特征

乌原鲤发育成熟相对较慢，少量雄鱼3龄以上即可性腺发育成熟。但调查研究表明，发育成熟较早的乌原鲤难以成功受精完成胚胎发育过程。一般乌原鲤雌鱼需要4~5龄、雄鱼需要3~4龄才能完全发育成熟并成功受精和完成胚胎发育过程。乌原鲤的卵巢同步发育、同步成熟，卵径相近，为一年一次产卵型鱼类，产卵期为2~4月。繁殖季节，性成熟的雄鱼和雌鱼全身体表均有明显的珠星，触摸粗糙感明显，繁殖季节过后，体表珠星消失，难分雌雄。在自然水域环境下，乌原鲤产卵繁殖场所多在水流湍急、覆盖生长较多着生藻类的沙滩石边、沙滩尾处。在初春水域气候转暖，水温提升至15℃上下并持续一段时间后，性成熟的雌雄亲鱼集聚到合适水域，在气候环境条件合适的时段，经水流刺激相互追逐嬉戏。大多在黎明时段，当雌雄亲鱼追逐嬉戏到一定阈值，在刺激达到一定效应临界值时，雌性亲鱼产卵，雄性亲鱼随即排精，卵子如果遇上精子则完成受精过程。产卵后的亲鱼性腺慢慢吸收退化到性腺发育早期，在第二年重新发育成熟。乌原鲤成熟卵子呈黄色，卵径 1.68~1.98 mm，形态相近，黏性较强。孵化水温为 16~22 ℃。乌原鲤的绝对繁殖力约为 5 万粒卵，体长相对繁殖力约为 140 粒卵 /mm，体质量相对繁殖力约为 40 粒卵 /g。乌原鲤繁殖力相关参数及其相互关系见表 1-17 及图 1-11 至图 1-16。

表 1-17 乌原鲤繁殖力参数

繁殖力因子	参数					
体质量 /g	848.4	968.9	1083.3	1221.7	1240.9	1773.0
体长 /mm	314.73	340.06	351.00	364.00	358.00	418.02
净体质量 /g	639.3	874.0	846.2	1055.2	1038.6	1485.3
卵巢质量 /g	166.0	169.3	171.4	172.6	173.8	182.1
性腺成熟系数	25.97	20.01	19.61	16.62	16.47	12.26
绝对繁殖力 / 粒卵	49157	48962	48563	49368	50432	52164
体长相对繁殖力 /（粒卵 · mm^{-1}）	156.19	143.69	138.36	135.63	140.87	124.79
体质量相对繁殖力 /（粒卵 · g^{-1}）	57.94	50.43	44.83	40.41	40.64	29.42
净体质量相对繁殖力 /（粒卵 · g^{-1}）	76.89	57.74	55.56	47.53	47.79	35.12

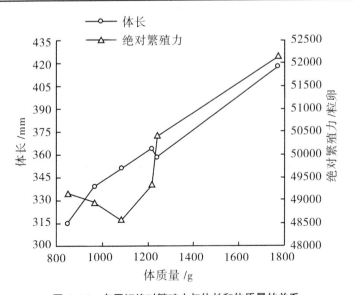

图 1-11 乌原鲤绝对繁殖力与体长和体质量的关系

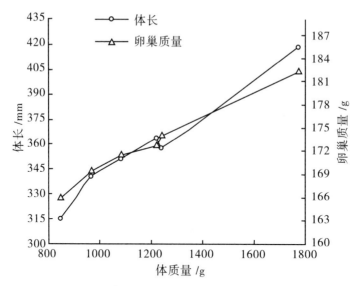

图 1-12　乌原鲤卵巢质量与体长和体质量的关系

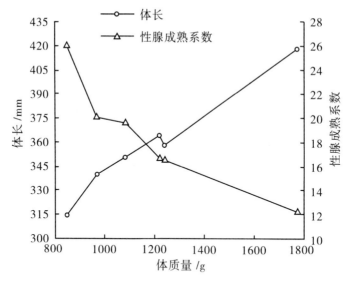

图 1-13　乌原鲤性腺成熟系数与体长和体质量的关系

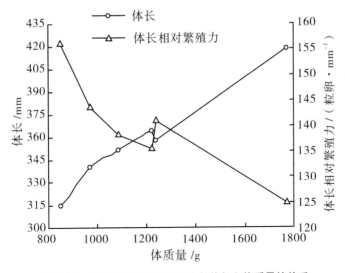

图1-14 乌原鲤体长相对繁殖力与体长和体质量的关系

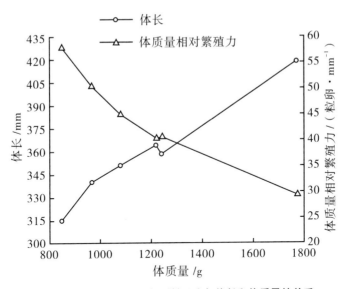

图1-15 乌原鲤体质量相对繁殖力与体长和体质量的关系

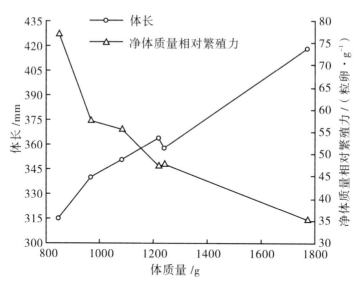

图 1-16　乌原鲤净体质量相对繁殖力与体长和体质量的关系

常见鲤科淡水鱼类中，雅罗鱼亚科青鱼和草鱼、野鲮亚科鲮鱼的体质量相对繁殖力约为 90 粒卵 /g，鲢亚科鳙鱼和鲢鱼的体质量相对繁殖力分别约为 90 粒卵 /g 和 120 粒卵 /g；鲤亚科淡水鱼类中，2~4 龄三角鲤的体质量相对繁殖力为 55~88 粒卵 /g，体质量为 2~3 kg 的鲤鱼的体质量相对繁殖力为 80~120 粒卵 /g，体质量为 6 kg 的鲤鱼的体质量相对繁殖力约为 160 粒卵 /g，体质量为 150~250 g 的鲫鱼的体质量相对繁殖力为 330~400 粒卵 /g，体质量为 500~1000 g 的鲫鱼的体质量相对繁殖力为 300~400 粒卵 /g；鲤亚科原鲤属岩原鲤绝对繁殖力为 33660~172250 粒卵，平均为 50062 粒卵，体质量相对繁殖力为 43~67.68 粒卵 /g，但岩原鲤为一年两次产卵型鱼类。鲤科鱼类的性腺成熟系数一般为 15~30。乌原鲤性腺成熟系数处于鲤科鱼类中游水平，其体质量相对繁殖力较鲤科其他鱼类相对偏低，但青鱼、草鱼、鲢鱼、鳙鱼、鲤鱼和岩原鲤体形都比乌原鲤大，使得乌原鲤的绝对繁殖力显得更低。乌原鲤为一年一次产卵型鱼类，一旦错过时节，亲鱼卵巢将退化，只能等到来年才能再次发育成熟，人工繁殖要抓紧每年 2~3 月的繁殖期，遵循乌原鲤性腺发育需要的营养、水温、光照、水流、溶解氧含量和水质等条件，充分利用其繁殖力，为乌原鲤自然资源增殖与保护作贡献。

五、乌原鲤肌肉营养成分

本研究对雌雄乌原鲤肌肉的营养成分进行比较分析，并对其品质进行评价。实验所用乌原鲤为 2017 年同批次繁殖，均在一个面积为 2000 m² 的土质池塘养殖，水深为 1.0~1.5 m，养殖密度约为 100 kg/ 亩（1 亩 ≈ 667 m²），每日早晚各投喂 1 次蛋白质含量为 35% 的鲤鱼沉性饵料，每 7~10 d 加注新水 1 次。2022 年 12 月在广西壮族自治区水产科学研究院（以下简称广西水产科学研究院）那马淡水养殖研发基地采集健壮的 6 龄乌原鲤共 12 尾，包括 6 尾雄鱼［体质量（472.04 ± 83.27）g、体长（27.20 ± 1.54）cm］和 6 尾雌鱼［体质量（466.50 ± 88.32）g、体长（27.60 ± 1.18）cm］。

实验鱼经浓度为 75 mg/L 的丁香酚麻醉后，每尾鱼采集 50 g 背部肌肉，置于 −80℃保存。取部分冻存备用的肌肉于 4℃冰箱解冻，用于检测水分、灰分、粗蛋白质、粗脂肪等含量。水分、灰分、粗蛋白质、粗脂肪等含量的测量方法分别参照《食品安全国家标准食品中水分的测定》（GB 5009.3—2016）、《食品安全国家标准　食品中灰分的测定》（GB 5009.4—2016）、《食品安全国家标准　食品中蛋白质的测定》（GB 5009.5—2016）、《食品安全国家标准　食品中脂肪的测定》（GB 5009.6—2016）等。氨基酸检测依据为色谱通则，用氨基酸分析仪测定。脂肪酸的测量方法参照《食品安全国家标准　食品中脂肪酸的测定》（GB 5009.168—2016）。

雌雄乌原鲤肌肉中氨基酸组成与含量见表 1–18。雌雄乌原鲤均检出 18 种氨基酸，包括 8 种必需氨基酸［苏氨酸（Thr）、缬氨酸（Val）、蛋氨酸（Met）、异亮氨酸（Ile）、亮氨酸（Leu）、苯丙氨酸（Phe）、赖氨酸（Lys）、色氨酸（Trp）］、4 种半必需氨基酸［丝氨酸（Ser）、精氨酸（Arg）、甘氨酸（Gly）、酪氨酸（Tyr）］和 6 种非必需氨基酸［半胱氨酸（Cys）、脯氨酸（Pro）、丙氨酸（Ala）、谷氨酸（Glu）、天门冬氨酸（Asp）、组氨酸（His）］。雌雄鱼谷氨酸含量最高，分别为 2.77% 和 2.74%，色氨酸含量最少，分别为 0.13% 和 0.14%。雄鱼肌肉鲜样的氨基酸总量为 16.49%，略低于雌鱼（16.91%），但差异并不显著（$P>0.05$）。雄鱼肌肉中的必需氨基酸含量、非必需氨基酸含量和呈味氨基酸含量分别占鲜样的 6.89%、6.75% 和 6.34%，均低于雌鱼肌肉鲜样中的含量，但差异不显著（$P>0.05$）。雌雄鱼肌肉鲜样中必需氨基酸与总氨基酸的比值（$W_{EAA/TAA}$）均高于 40%，必需氨基酸与非必需氨基酸的比值（$W_{EAA/NEAA}$）

均高于70%，且雌鱼的比值均高于雄鱼，但差异均不显著（$P>0.05$）。值得注意的是，雄鱼呈味氨基酸总量（$W_{DAA/TAA}$）显著高于雌鱼（$P<0.05$）。

表1-18 雌雄乌原鲤肌肉中氨基酸组成与含量（鲜重）

单位：%

氨基酸	雌乌原鲤	雄乌原鲤
天门冬氨酸#	1.79 ± 0.11	1.75 ± 0.12
谷氨酸#	2.77 ± 0.17	2.74 ± 0.18
丝氨酸&	0.51 ± 0.05	0.49 ± 0.05
精氨酸&	1.02 ± 0.06	1.00 ± 0.09
甘氨酸#&	0.83 ± 0.04	0.82 ± 0.08
苏氨酸*	0.75 ± 0.06	0.73 ± 0.06
脯氨酸	0.58 ± 0.02	0.56 ± 0.05
丙氨酸#	1.06 ± 0.05	1.04 ± 0.07
缬氨酸*※	0.86 ± 0.03	0.83 ± 0.05
蛋氨酸*	0.54 ± 0.02	0.52 ± 0.04
半胱氨酸	0.18 ± 0.02	0.17 ± 0.02
异亮氨酸*※	0.88 ± 0.02	0.85 ± 0.06
亮氨酸*※	1.39 ± 0.06	1.34 ± 0.08
苯丙氨酸*◆	0.79 ± 0.03	0.76 ± 0.05
组氨酸	0.50 ± 0.05	0.49 ± 0.06
赖氨酸*	1.79 ± 0.08	1.73 ± 0.11
酪氨酸&◆	0.57 ± 0.03	0.54 ± 0.04
色氨酸*◆	0.13 ± 0.01	0.14 ± 0.01
总氨基酸含量（TAA）	16.91 ± 0.85	16.49 ± 1.19
必需氨基酸（EAA）	7.12 ± 0.31	6.89 ± 0.45
半必需氨基酸（SEAA）	2.93 ± 0.16	2.85 ± 0.25
非必需氨基酸（NEAA）	6.87 ± 0.40	6.75 ± 0.49
呈味氨基酸（DAA）	6.44 ± 0.35	6.34 ± 0.45
支链氨基酸（BCAA）	3.12 ± 0.11	3.02 ± 0.19
芳香族氨基酸（AAA）	1.49 ± 0.07	1.43 ± 0.09
必需氨基酸与总氨基酸的比值 $W_{EAA/TAA}$	42.09 ± 0.53	41.81 ± 0.35
必需氨基酸与非必需氨基酸的比值 $W_{EAA/NEAA}$	103.65 ± 2.46	102.18 ± 1.32
呈味氨基酸与总氨基酸的比值 $W_{DAA/TAA}$	38.09 ± 0.21^a	38.47 ± 0.20^b
支芳比值（支链氨基酸/芳香族氨基酸）F（BCAA/AAA）	209.76 ± 3.33	210.73 ± 2.27

注：* 为必需氨基酸，& 为半必需氨基酸，# 为呈味氨基酸，※ 为支链氨基酸，◆ 为芳香族氨基酸。字母不同小写表示差异显著（$P<0.05$）。

由表 1-19 可知，雌雄乌原鲤肌肉中的色氨酸在氨基酸评分标准（AAS）和化学评分标准（CS）下均分值最低，表明色氨酸是乌原鲤肌肉的第一限制性氨基酸。除 CS 评分标准下的雄乌原鲤外，蛋氨酸在氨基酸评分标准和化学评分标准下分值均只高于色氨酸，表明蛋氨酸是乌原鲤肌肉的第二限制性氨基酸。氨基酸评分标准下，除蛋氨酸、色氨酸外，雌雄乌原鲤肌肉中必需氨基酸的分值均接近 1 或大于 1，在化学评分标准下，除蛋氨酸、色氨酸和缬氨酸外，雌雄乌原鲤肌肉中必需氨基酸的分值均大于或接近 0.8。

表 1-19　雌雄乌原鲤肌肉中必需氨基酸组成评价

必需氨基酸	雌乌原鲤	雄乌原鲤	FAO/WHO标准	鸡蛋蛋白标准	氨基酸评分标准		化学评分标准	
					雌乌原鲤	雄乌原鲤	雌乌原鲤	雄乌原鲤
苏氨酸	252.15	245.82	250	292	1.01	0.98	0.86	0.84
缬氨酸	289.13	279.50	310	411	0.93	0.90	0.70	0.68
异亮氨酸	295.86	286.23	250	331	1.18	1.14	0.89	0.86
亮氨酸	467.32	451.24	440	534	1.06	1.03	0.88	0.85
赖氨酸	601.80	582.57	340	441	1.77	1.71	1.36	1.32
色氨酸	43.71	47.14	60	102	0.73★	0.79★	0.43★	0.46★
蛋氨酸	181.55	175.11	220	386	0.83●	0.80●	0.47●	0.45●
苯丙氨酸+酪氨酸	457.24	437.77	380	565	1.20	1.15	0.81	0.77
必需氨基酸指数（EAAI）							75.52	73.98

注：★为第一限制性氨基酸，●为第二限制性氨基酸。

雌雄乌原鲤肌肉中共检测到 22 种脂肪酸，包括 7 种饱和脂肪酸（SFA）和 15 种不饱和脂肪酸，其中单不饱和脂肪酸（MUFA）7 种、多不饱和脂肪酸（PUFA）8 种（表 1-20）。雌鱼肌肉中的 C16：0、C17：1、C18：1n9c、C20：4n6 含量均显著高于雄鱼（$P<0.05$），雄鱼肌肉中的 C22：6n3 含量显著高于雌鱼（$P<0.05$）。同时，为评估食用乌原鲤肌肉对人体心血管疾病发生的影响，本研究计算了乌原鲤肌肉脂肪酸的高胆固醇血症指数、致动脉粥样硬化指数和血栓形成指数，结果见表 1-21，雌雄乌原鲤肌肉脂肪酸的高胆固

醇血症指数分别为 26.95 和 26.01，致动脉粥样硬化指数分别为 0.48 和 0.46，血栓形成指数分别为 0.99 和 0.94，雌鱼的数据均大于雄鱼，但差异不显著（ $P>0.05$ ）。

表1-20　雌雄乌原鲤肌肉中脂肪酸组成与含量（鲜重）

单位：%

脂肪酸	雌乌原鲤	雄乌原鲤
C14：0[1]	1.28±0.12	1.16±0.20
C15：0[1]	0.35±0.06	0.33±0.03
C16：0[1]	25.66±0.99[a]	24.85±1.76[b]
C17：0[1]	0.63±0.16	0.52±0.07
C18：0[1]	8.71±1.36	8.09±2.13
C20：0[1]	0.04±0.06	0.05±0.07
C22：0[1]	0.06±0.04	0.20±0.34
C14：1[2]	0.02±0.02	0.03±0.03
C16：1[2]	3.87±0.39	3.72±0.58
C17：1[2]	0.42±0.07[a]	0.38±0.02[b]
C18：1n9c[2]	29.10±1.37[a]	28.86±3.69[b]
C20：1[2]	1.44±0.19	1.64±0.34
C22：1n9[2]	0.11±0.15	0.11±0.15
C18：2n6c[2]	14.84±1.48	16.21±2.25
C18：3n6[3]	0.37±0.27	0.38±0.28
C18：3n3[3]	1.87±0.19	1.74±0.21
C20：2[3]	0.69±0.50	0.70±0.50
C20：3n6[3]	1.46±0.14	1.52±0.19
C20：3n3[3]	0.22±0.16	0.25±0.19
C20：4n6[3]	3.37±0.35[a]	3.26±1.02[b]
C20：5n3[3]	0.90±0.14	0.89±0.23
C22：6n3[3]	4.56±0.26[a]	5.10±1.52[b]
∑SFA	36.74±2.37	35.21±3.69
∑MUFA	34.97±1.67	34.74±4.68
∑PUFA	28.29±1.31	30.05±1.98

续表

脂肪酸	雌乌原鲤	雄乌原鲤
EPA+DHA	5.47 ± 0.32	5.99 ± 1.73
∑（n–3PUFA）	7.56 ± 0.51	7.99 ± 1.68
∑（n–6PUFA）	20.04 ± 1.32	21.36 ± 1.55
∑（n–3PUFA）/∑（n–6PUFA）	38.03 ± 4.94	37.84 ± 9.24

注：1 为饱和脂肪酸，2 为单不饱和脂肪酸，3 为多不饱和脂肪酸。

表 1–21　雌雄乌原鲤肌肉脂肪酸评价

	雌乌原鲤	雄乌原鲤
高胆固醇血症指数	26.95 ± 1.03	26.01 ± 1.66
致动脉粥样硬化指数	0.48 ± 0.01	0.46 ± 0.03
血栓形成指数	0.99 ± 0.03	0.94 ± 0.03

乌原鲤肌肉中蛋白质的营养价值主要由必需氨基酸的含量、占比和类别决定。研究结果表明，雌雄乌原鲤肌肉中常规营养成分不存在显著差异；雌雄乌原鲤肌肉中均检测到 18 种氨基酸，且雌雄乌原鲤间仅呈味氨基酸与总氨基酸的比值存在显著差异（$P<0.05$）。依据氨基酸评分标准、化学评分标准和必需氨基酸指数，雌雄乌原鲤肌肉的第一限制性氨基酸均为色氨酸、第二限制性氨基酸均为蛋氨酸，雌鱼肌肉中必需氨基酸指数高于雄鱼，雌鱼为 75.52，雄鱼为 73.98。乌原鲤必需氨基酸的组成比例大都符合 FAO/WHO 标准。雌雄乌原鲤肌肉中共检测到 22 种脂肪酸，各项脂肪酸评价指标在雌雄乌原鲤间均不存在显著差异，雌雄乌原鲤肌肉脂肪酸的高胆固醇血症指数分别为 26.95 和 26.01，致动脉粥样硬化指数分别为 0.48 和 0.46，血栓形成指数分别为 0.99 和 0.94。综合分析表明，乌原鲤肌肉营养成分优于多种鲤鱼，是营养丰富的优质鱼类。

第三节　乌原鲤遗传学特征

一、乌原鲤细胞遗传学特征

染色体是生物体细胞核内的一种重要结构，是生物遗传物质的主要载体。染色体组型分析（Method for the karyotype analysis）是细胞遗传学研究的基本方法，是研究特种演化、分类及染色体结构、形态与功能之间关系不可缺少的重要手段。每个物种都有特定的染色体组型，具有种的特异性，研究染色体组型可以了解生物的遗传组成、遗传变异规律和发育机制，对预测鉴定种间杂交和多倍体育种的结果，了解性别遗传机理及基因组数、物种起源演化和种族关系具有较高参考价值，在种质资源研究领域极具意义。本研究中，乌原鲤细胞遗传学特征染色体组型分析用《养殖鱼类种质检验 第12部分：染色体组型分析》（GB/T 18654.12—2008）中的体细胞直接法进行。将检测样本活鱼放入0.01%秋水仙素溶液中浸泡6 h。放血杀鱼，剪下鳃片，将鳃丝放入低渗液中低渗30 min。低渗的鳃丝放入甲醇和冰乙酸的比例为9∶1的固定液中浸泡10 min，再转入100%的冰乙酸中浸泡2 min。用卡诺氏固定液固定3次，每次1 h，最后放在冰箱中固定10 h。将固定好的鳃丝放入50%的冰乙酸中，用镊子夹住轻轻振动，使细胞从鳃丝脱落，丢弃鳃弓鳃丝，得到细胞悬液。将细胞悬液滴到60 ℃控温电热板的玻片上，5 min后吸走多余液体。染色20 min，干燥后观察分析。在油镜下选取100个分散良好、形态清晰、数目完整的分裂象，计数每个分裂象的染色体数目，找出染色体数目的众数，并计算众数所占百分比，确定样本的染色体数，并显微摄影，得到染色体组型图谱。按臂比将染色体分为4组，m组为臂比1.00~1.70的中部着丝粒染色体，sm组为臂比1.71~3.00的亚中部着丝粒染色体，st组为臂比3.01~7.00的亚端部着丝粒染色体，t组为臂比7.01以上的端部着丝粒染色体。中部和亚中部着丝粒染色体的臂数计为2，亚端部和端部着丝粒染色体的臂数计为1。在油镜下选取对100个以上中期分裂象染色体进行测量分组等分析的结果，确定样品鱼类的染色体核型公式。检验分析结果显示，乌原鲤体细胞共有50对染色体，体细胞染色体数为100，其中中部着丝点染色体（m）7对、亚中部着丝点染色体（sm）14对、亚端部着丝点染色体（st）8对、端部着丝点染色体（t）21对。核型公式为2n=14m+28sm+16st+42t。染色体臂数（NF）为142。乌原鲤中期染色体分裂象及其核型见图1-17。

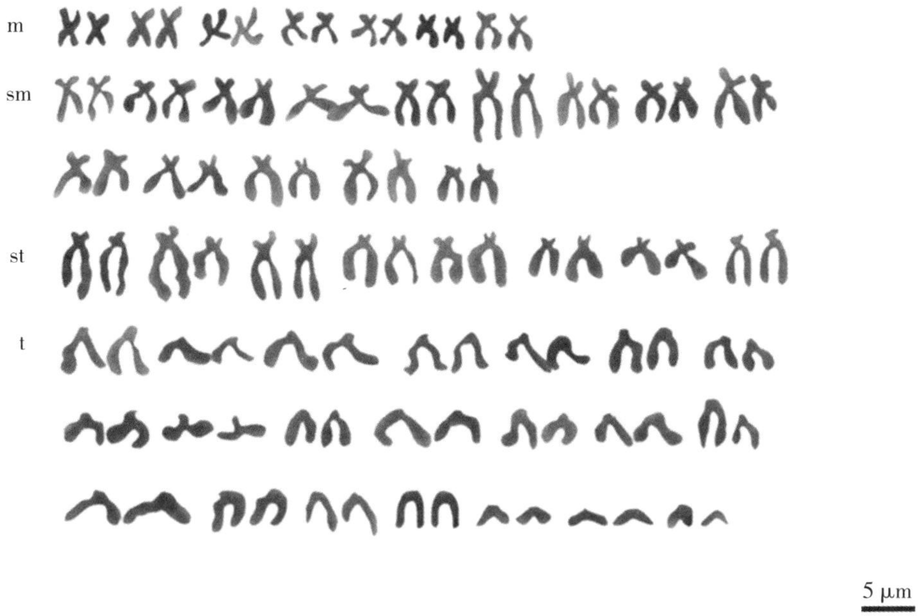

5 μm

图 1-17　乌原鲤中期染色体分裂象及其核型

中国鲤亚科 5 个属，除鲃鲤属未有研究成果外，其余各属鱼类染色体组型特征参数显示，在端部着丝点染色体方面，原鲤属、须鲫属、鲤属、鲫属端部着丝点染色体数的平均值分别为 36、32、22 和 42，原鲤属的高于须鲫属、鲤属和鲫属的黑鲫和鲫，但鲫属银鲫的则较高；在中部着丝点染色体和亚中部着丝点染色体方面，原鲤属、须鲫属、鲤属、鲫属中部着丝点染色体数与亚中部着丝点染色体数之和的平均值分别为 45、50、53 和 69。原鲤属的最低，须鲫属和鲤属相差不大，鲫属明显高于其他属；在染色体臂数方面，原鲤属、须鲫属、鲤属、鲫属染色体臂数的平均值分别为 145、150、153 和 209。原鲤属的最低，须鲫属和鲤属相差不大，鲫属明显高于其他属。基于染色体组型特征参数判断，鲤亚科 4 个属中，原鲤属为较原始种类，须鲫属和鲤属为较进化种类，鲫属为发展演化最高和最特化种类。此结论与其他研究中中国鲤亚科以鲃鲤属和原鲤属最为原始，鲤属稍有进化，鲫属为鲤亚科中发展演化最高的一个属的结论相同。

朱元鼎（1935）和王幼槐（1979）关于中国鲤亚科鱼类的起源、分类和演化的研究结果认为，中国的鲤亚科以鲃鲤属和原鲤属最为原始，鲤属稍有进化，但鲤不太可能是由鲃鲤属和原鲤属演化而来。鲤属祖先向鲤属演进过程中，派生出了适于利用水生植物的一支，产生了须鲫属和鲫属。基于鲤亚科鱼类下咽齿的匙状齿→臼齿状齿→梳状齿演化方向推断，须鲫属应比鲤属更为进化。但本研究显示，须鲫属的端部着丝点染色体数（32）大于鲤属的（22），须鲫属的染色体臂数（150）小于鲤属的（153），基于染色体组型特征参数推断，鲤属相比须鲫属应为更进化种类。对于基于下咽齿演化方向及不同染色体组型得出二者进化演化关系的结果异同情况，值得进一步研究。

二、乌原鲤生化遗传学特征

同工酶电泳图谱同样是鱼类种质检验的标准方法之一，它从生化遗传学层面反映鱼类的遗传特性。生物同工酶电泳分析（Analysis of isozyme electrophoresis）的原理是：同工酶为酶基因产物的表现型，根据其所带电荷的不同和分子大小、形状的不同，在电场和凝胶中出现各同工酶组分的迁移，经催化、染色、扫描，对酶带迁移距离、数目及吸收强度进行分析比较，判定生物物种、种群的遗传特性。本研究中，乌原鲤生化遗传学特征同工酶分析按国家标准《养殖鱼类种质检验 第13部分：同工酶电泳分析》（GB/T 18654.13—2008）进行。采样方法按《养殖鱼类种质检验 第2部分：抽样方法》（GB/T 18654.2—2008）进行，样本为30尾以上。

活体解剖样本，取1~2 g组织试样，放入带编号的小塑料袋中。对于血液试样，用注射器从鱼的尾动脉抽血，分离出血清。样品均需要置于低温冰箱中保存备用。取0.3 g样品，以1份试样加入3份体积的0.3%辅酶NAD液，于匀浆机中以4000 r/min匀浆2 min，粉碎组织。用移液管将匀浆后的样品移入指管中，在冷冻离心机中以15000 r/min离心直至上清液澄清，以上操作应在4℃低温下进行。抽血后样品置于冰箱中暂存或直接电泳。每次电泳实验前，先打开多用恒温循环仪，冷却至4℃左右。进行预电泳时，依酶的种类不同，采用相应的凝胶缓冲系统，并将预先抽血的聚丙烯酰胺凝胶放在冷却板上，在50 mA电流下电泳30 min。预电泳结束后，进行前电泳，用微量加样器在凝胶的点样槽中加入8μL的分析样品，在25 mA电流下电泳10 min。然后在适当的电压下进行正式电泳，电泳时间依酶的种类而定。将电泳胶放入预先配制并在 37 ℃恒温箱中保温的所需检测酶的染色液中染色。当酶带全部显示清晰时，停止染色。在 2.5％冰乙酸中脱色至凝胶背景清晰、透明。脱色后的电泳胶放入混合比例为 3∶1∶1∶5 的乙醇、冰乙酸、甘油、水混合液中，固定数小时。取与凝胶板大小适中的玻璃纸，浸泡湿润后，平铺在凝胶板上，排空气泡，四周向下包紧。在室温下自然风干，制成透明胶片，编号保存。用镜头对凝胶及其谱带照相，用激光扫描仪对电泳谱带进行扫描，计算同工酶各组分的相对含量。之后进行酶位点与等位基因分析，根据酶的结构组成和同工酶在组织中所表现的酶谱特征，确定每种同工酶的编码基因位点、多态位点的等位基因频率。个体测定结果的判定按《养殖鱼类种质检验　第 1 部分：检验规则》（GB/T 18654.1—2008）中 6.1 的规定执行。将所有测定结果逐一与标准对照，符合标准规定的判定为合格，不符合标准规定或与标准规定有显著差异的判定为不合格。样品群体的判定是根据个体测定结果的判定结果，计算出被检样品中合格品的百分率。

乌原鲤肌肉电泳图谱及扫描图见图 1-18。结果显示，图谱共有 5 条谱带，显示有 5 个同工酶（乳酸脱氢酶 LDH）的编码基因位点。

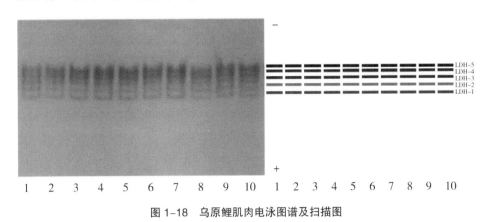

图 1-18　乌原鲤肌肉电泳图谱及扫描图

三、乌原鲤分子遗传学特征

线粒体基因组作为研究 DNA 复制和转录的良好模型，在遗传和进化领域分子标记中具有较高的应用价值，被广泛应用于生物学的许多领域。近年来，线粒体基因组研究技术日趋成熟。线粒体基因组具有结构简单、编码区域高度保守、重组率低、拷贝数高等特征，逐渐成为研究鱼类群体遗传结构、系统进化关系和开展鱼类分子标记的首选载体。研究乌原鲤的线粒体基因组序列结构特征，可为乌原鲤种质资源多样性分析和分子标记研究提供基础数据。

本研究利用高通量第二代测序技术进行测序，组装与注释乌原鲤线粒体基因组序列，构建系统进化树，并分析其序列结构特征及相关参数，研究乌原鲤的分子遗传学特征。线粒体基因组序列结果 SQN 文件已上传至 NCBI 数据库。

乌原鲤样本在测量表型性状及相关数据后，采集尾鳍并用去离子水冲洗，置于无水乙醇中在 –20 ℃冰柜保存备测。全基因组 DNA 的提取依据海洋动物基因组 DNA 提取试剂盒（CW2089）的说明流程进行。提取后的 DNA 采用 1%琼脂糖凝胶电泳检测基因组 DNA 的纯度和完整性，Qubit® 2.0 Flurometer（Life Technologies，CA，USA）检测样品浓度。检测合格的 DNA 样品用 Covaris 超声波破碎仪随机分割成长度为 350 bp 左右的片段，构建小片段基因组 DNA 测序文库，文库构建流程参照 NEB Next® Ultra DNA Library Prep Kit for Illumina®（NEB，USA）文库构建试剂盒说明书进行。文库构建完成后以 qPCR 方法和 Agilent 2100 Bioanalyzer 进行质控。对检测合格的 DNA 文库采用 Illumina Hiseq 4000 高通量测序平台进行测序，测序策略为 PE150(Pair–End 150)，每个样品测序数据量不少于 1 GB。

Illumina HiSeq 4000 高通量测序平台所得原始下机序列，通过去低质量序列、去接头污染等过程完成数据处理，得到的高质量序列称为 Clean reads。去低质量序列的判断原则：当任一测序片段中 N 含量超过该测序片段碱基数的 10％时，去除此 Paired reads；当任一测序片段中含有的低质量（Q 不大于 5）碱基数超过该测序片段碱基数的 50％时，去除此 Paired reads。后续所有分析都是基于 Clean reads 进行。根据序列的重叠关系和插入片段的大小，采用 SPAdes v.3.5.0 对高通量测序的短片段序列进行拼接组装，最终得到完整的乌原鲤线粒体基因组序列。

利用 DOGMA 和 ORF Finder 对线粒体基因组进行注释。对注释的初步结果，运用 Blastn 和 Blastp 的方法与已报道的近缘物种的线粒体基因组的编码蛋白和 rRNA 进行比对，验证结果的准确性并进行修正。tRNA 的注释采用 tRNAscan-SE 2.0 和 ARWEN 进行，舍去长度不合理和结构不完整的 tRNA，生成 tRNA 二级结构图。GC 偏移率（GC-skew）和 AT 偏移率（AT-skew）分别采用 GC=（G-C）/（G+C）和 AT 偏移率 =（A-T）/（A+T）公式计算。相对同义密码子使用度（Relative Synonymous Codon Usage，RSCU）计算参照 Sharp PM 文献中提及的公式。使用 DnaSP 5.10.01 对乌原鲤和岩原鲤的线粒体共有蛋白编码基因进行同义替换率（Ks）、非同义替换率（Ka）及其比值（Ka/Ks）进行估测。

系统进化树构建以鳅科（Cobitidae）泥鳅（*Misgurnus anguillicaudatus*）作为外群，将鲤科 26 个物种的线粒体基因组序列用于系统进化树构建。采用 MUSCLE v.3.8.31 对编码基因的核酸序列和蛋白序列进行多物种间单个基因的多序列比对。采用 jModelTest 2.1.7 对所选序列 DNA 进行核酸模型测试，采用 Prottest 3.2 进行氨基酸模型测试，AIC 最小值为最佳模型。采用 RAxML 8.1.5 和最大似然法（Maximum Likelihood method，ML 法）构建系统进化树，Bootstrap 值设置为 1000。

结果显示，乌原鲤全基因组高通量测序最终得到乌原鲤线粒体基因组全长为 16587 bp，GC 含量为 43.1%，含 13 个蛋白编码基因、22 个 tRNA、2 个 rRNA（12S-rRNA 和 16S-rRNA）及 1 个控制区（D-loop），乌原鲤线粒体基因组结构和基因排列顺序与鱼类基因组典型结构和排列顺序一致。

乌原鲤 13 个蛋白编码基因同大多数硬骨鱼类一样含有 ATG 和 GTG 2 种起始密码子，COX Ⅰ 基因使用 GTG 作为起始密码子，而其他 12 个基因的起始密码子均为 ATG。终止密码子也大体分为 2 种，分别为 TAA 和 TAG，其中 ATP8 基因采用 TAG 为终止密码子，ND1、COX Ⅰ、ATP6、ND4L、ND5 和 ND6 这 6 个基因采用 TAA 为终止密码子，其余 6 个基因使用不完整的 T 或 TA 作为终止密码子，这类含有不完整终止密码子的基因将在转录后加工的过程中加入 poly A，从而构成完整的 TAA 终止密码子。

乌原鲤的 22 个 tRNA 长度为 67~76 bp，除 tRNA-Ser（GCT）外，其他 21 个 tRNA 都具有典型的三叶草结构，这与大部分鱼类一致。

测序分析的 2 个样品来自广西柳江的不同河段，经线粒体全基因组差异比较分析，两个样品之间存在 5 个 SNP 的差异。5 个 SNP 中的 1 个 SNP

位于 16s-rRNA 上，其余 4 个 SNP 分别位于基因 COX Ⅱ、ATP6、ND5、CYTB 上，位于 ND5 基因上的 SNP 导致氨基酸变化（苏氨酸突变为丙氨酸），其他 3 个 SNP 为同义突变，不引起氨基酸变化（表 1-22 和图 1-19、图 1-20）。

表 1-22　乌原鲤线粒体基因组注释结果

基因	编码链	起始位点	终止位点	基因长度/bp	GC 含量	氨基酸长度/aa	起始密码子	终止密码子	反密码子	间隔区长度/bp
tRNA-Phe	H	1	69	69	42.03%				GAA	0
12S-rRNA	H	70	1024	955	48.69%					0
tRNA-Val	H	1025	1096	72	54.17%				TAC	0
16S-rRNA	H	1097	2779	1683	43.37%					0
tRNA-Leu	H	2780	2855	76	48.68%				TAA	1
ND1	H	2857	3831	975	44.72%	324	ATG	TAA		4
tRNA-Ile	H	3836	3907	72	54.17%				GAT	-2
tRNA-Gln	L	3906	3976	71	39.44%				TTG	1
tRNA-Met	H	3978	4046	69	57.97%				CAT	0
ND2	H	4047	5091	1045	44.02%	348	ATG	T		0
tRNA-Trp	H	5092	5162	71	33.80%				TCA	2
tRNA-Ala	L	5165	5233	69	36.23%				TGC	1
tRNA-Asn	L	5235	5307	73	46.58%				GTT	33
tRNA-Cys	L	5341	5407	67	50.75%				GCA	-1
tRNA-Tyr	L	5407	5477	71	54.93%				GTA	1
COX Ⅰ	H	5479	7029	1551	44.29%	516	GTG	TAA		0
tRNA-Ser	L	7030	7100	71	49.30%				TGA	3

续表

基因	编码链	起始位点	终止位点	基因长度/bp	GC含量	氨基酸长度/aa	起始密码子	终止密码子	反密码子	间隔区长度/bp
tRNA-Asp	H	7104	7175	72	37.50%				GTC	5
COX Ⅱ	H	7181	7871	691	41.82%	230	ATG	T		0
tRNA-Lys	H	7872	7947	76	50.00%				TTT	1
ATP8	H	7949	8113	165	36.97%	54	ATG	TAG		-7
ATP6	H	8107	8790	684	41.08%	227	ATG	TAA		-1
COX Ⅲ	H	8790	9574	785	45.86%	261	ATG	TA		0
tRNA-Gly	H	9575	9646	72	34.72%				TCC	0
ND3	H	9647	9995	349	40.40%	116	ATG	T		0
tRNA-Arg	H	9996	10065	70	50.00%				TCG	0
ND4L	H	10066	10362	297	47.47%	98	ATG	TAA		-7
ND4	H	10356	11736	1381	42.72%	460	ATG	T		0
tRNA-His	H	11737	11805	69	31.88%				GTG	0
tRNA-Ser	H	11806	11874	69	46.38%				GCT	1
tRNA-Leu	H	11876	11948	73	45.21%				TAG	3
ND5	H	11952	13775	1824	41.61%	607	ATG	TAA		-4
ND6	L	13772	14293	522	45.40%	173	ATG	TAA		0
tRNA-Glu	L	14294	14362	69	39.13%				TTC	5
Cytb	H	14368	15508	1141	43.30%	380	ATG	T		0
tRNA-Thr	H	15509	15580	72	50.00%				TGT	-1
tRNA-Pro	L	15580	15649	70	38.57%				TGG	0
D-loop	H	15650	16587	938	31.45%					0

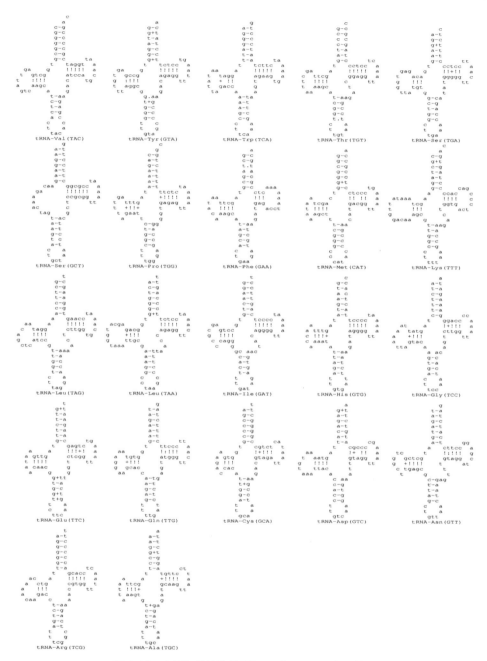

图 1-19　乌原鲤线粒体基因组 22 个 tRNA 二级结构图

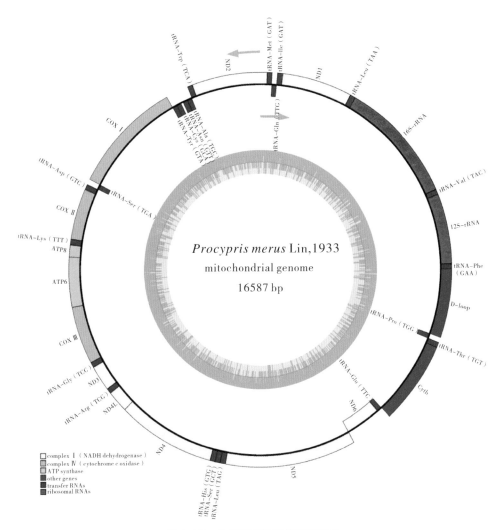

图 1-20 乌原鲤线粒体基因组圈图

　　本研究中的乌原鲤线粒体基因组在 3921 bp 处（tRNA-Gln 所在位置）比 NCBI 上公布的乌原鲤（GenBank：JX316027）线粒体基因组同样位置多了一个 T 碱基的插入，其余序列均相同。4 例原鲤属物种的氨基酸个数、16S-rRNA 长度均一致，12S-rRNA、tRNAs 和调控区长度也差异不大。4 例原鲤属物种的线粒体基因组 GC 偏移率均为负值，AT 偏移率均为正值。

　　乌原鲤 13 个蛋白编码基因氨基酸总长为 3794 aa，偏爱密码子（RSCU ＞ 2）分别是终止密码子 Stp（TAA）、Arg（CGA）、Leu（CTA）、Ser（TCA）、Pro（CCA）及 Gly（GGA）。乌原鲤相对同义密码子使用度（RSCU）见表 1-23。

表1-23　乌原鲤相对同义密码子使用度

氨基酸	密码子	数量	相对同义密码子使用度
Ala	GCA	134、135	1.60、1.61
Ala	GCC	134	1.60
Ala	GCT	60	0.72
Ala	GCG	6	0.07
Arg	CGA	54	2.84
Arg	CGC	10	0.53
Arg	CGT	10	0.53
Arg	CGG	2	0.11
Asn	AAC	76	1.26
Asn	AAT	45	0.74
Asp	GAC	54	1.48
Asp	GAT	19	0.52
Cys	TGC	21	1.68
Cys	TGT	4	0.32
Gln	CAA	97	1.94
Gln	CAG	3	0.06
Glu	GAA	88、89	1.71、1.73
Glu	GAG	15、14	0.29、0.27
Gly	GGA	135	2.18
Gly	GGC	44	0.71
Gly	GGG	43	0.69
Gly	GGT	26	0.42
His	CAC	84	1.62
His	CAT	20	0.38
Ile	ATT	160	1.10
Ile	ATC	130	0.90
Leu	CTA	291、290	2.80、2.79
Leu	TTA	95、96	0.91、0.92
Leu	CTT	91	0.88
Leu	CTC	73	0.70
Leu	CTG	54	0.52
Leu	TTG	19	0.18
Lys	AAA	73	1.90

续表

氨基酸	密码子	数量	相对同义密码子使用度
Lys	AAG	4	0.10
Met	ATA	131	1.50
Met	ATG	44	0.50
Phe	TTC	133	1.17
Phe	TTT	95	0.83
Pro	CCA	124	2.34
Pro	CCC	58	1.09
Pro	CCT	21	0.40
Pro	CCG	9	0.17
Ser	TCA	97	2.43
Ser	TCC	48、49	1.20、1.23
Ser	AGC	41	1.03
Ser	TCT	38、37	0.95、0.93
Ser	AGT	11	0.28
Ser	TCG	5	0.13
Stp	TAA	6	3.43
Stp	TAG	1	0.57
Stp	AGA	0	0.00
Stp	AGG	0	0.00
Thr	ACA	140	1.87
Thr	ACC	114、113	1.52、1.51
Thr	ACT	34	0.45
Thr	ACG	12	0.16
Trp	TGA	106	1.77
Trp	TGG	14	0.23
Tyr	TAC	70	1.22
Tyr	TAT	45	0.78
Val	GTA	106	1.84
Val	GTT	53	0.92
Val	GTC	46	0.80
Val	GTG	25	0.43

一般来说，进化速率受突变和定向选择压力（正选择压力）及稳定化选择压力（又称纯化选择压力，为负选择压力）的影响。乌原鲤和岩原鲤的所有蛋白编码基因中，ND2 的 Ka/Ks 值最大（0.147），COX I 的 Ka/Ks 值最小（0.013），但所有蛋白编码基因的 Ka/Ks 比值都小于 1，说明这两种鱼类的线粒体编码基因在进化过程中受到了自然界的稳定化选择压力（图1-21）。

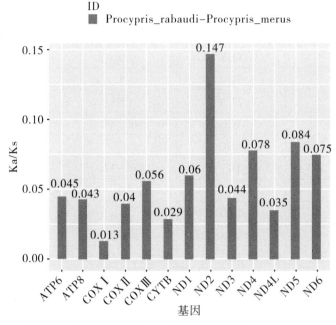

图 1-21　乌原鲤和岩原鲤 13 个蛋白编码基因 Ka/Ks 值分析

本研究以泥鳅作为外群，根据鲤科 26 个物种的线粒体基因组序列，采用最大似然法构建系统进化树。系统进化树的构建核苷酸采用的最优模型是 GTR+G+I（图 1-22），氨基酸采用的最优模型是 MtMam+I+G+F（图 1-23）。系统进化树结果显示，目标物种与同属物种乌原鲤和岩原鲤聚为一支，同时与鲤属、光唇鱼属（Acrossocheilus）、穗唇鲃属（Crossocheilus）物种聚为一大类。

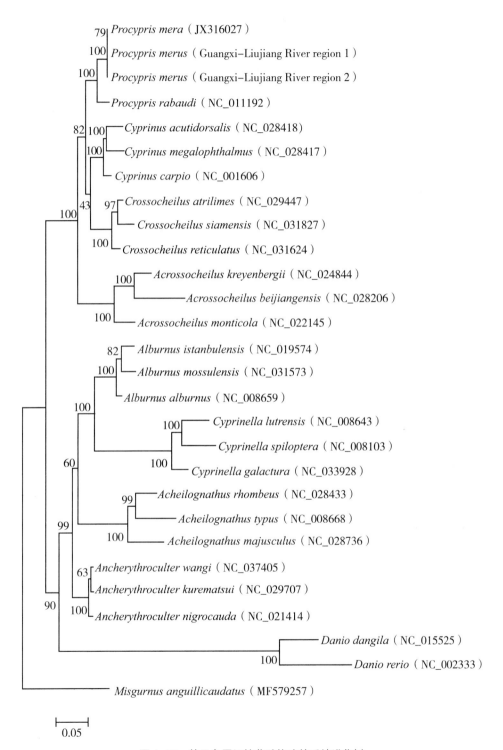

图 1-22　基于乌原鲤核苷酸构建的系统进化树

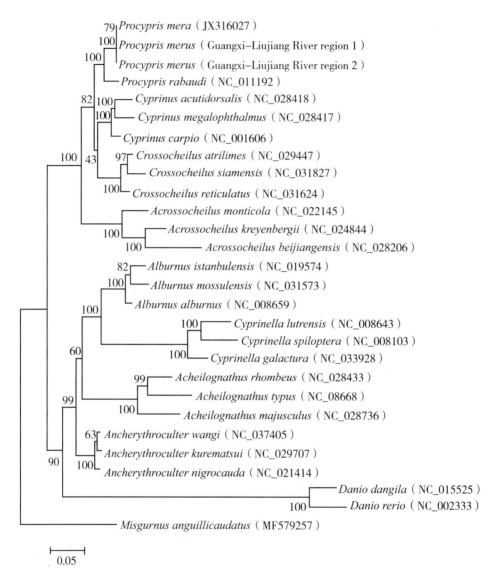

图 1-23 基于乌原鲤氨基酸构建的系统进化树

第二章 乌原鲤自然资源和人工增殖养殖现状

第一节 乌原鲤自然资源

一、乌原鲤历史地理分布

乌原鲤是我国珠江水系特有鱼类，仅分布于珠江水系西江流域部分干流及支流，西江流域的广西、贵州及云南水域有分布。分布区域狭窄、生存环境改变、过度捕捞等致危因素导致乌原鲤自然资源日益枯竭，在传统分布水域已较难捕获。历史上，乌原鲤曾是广西江河上等食用鱼类。根据《广西淡水鱼类志》《中国鲤科鱼类志》及《中国鲤亚科鱼类的分类、分布、起源及演化》，乌原鲤在珠江水系西江流域大多干流和支流均有捕获记录。根据《中国鲤科鱼类志》《中国动物志 硬骨鱼纲 鲤形目》《广西淡水鱼类志》《贵州鱼类志》《云南鱼类志》等相关文献记载及项目调查，广西有乌原鲤捕获记录的水域包括漓江、桂江、红水河、柳江、郁江、左江、右江、邕江、浔江、西江。乌原鲤在贵州主要分布于红水河流域和柳江上游干支流，在云南主要分布于郁江流域中上游干支流（表2-1）。乌原鲤常见个体体质量为0.5~1.0 kg，最大个体可达7.0 kg。

表2-1　乌原鲤自然资源分布历史记录

行政区域	所在水域	资料来源	记录者	记录时间
广西南宁	郁江	《岭南科学杂志》第12卷第2期，194页	林书颜	1933
广西	西江	《岭南科学杂志》第12卷第3期，348页	林书颜	1933
广东 广西	西江	《岭南科学杂志》第13卷第2期，311页	Herre and Lin	1934
广西桂林	漓江	《Sinensia》第10卷，96页	伍献文	1939

续表

行政区域	所在水域	资料来源	记录者	记录时间
广西桂平	浔江	《中国鲤科鱼类志（下卷）》，399页	伍献文	1977
广西南宁	郁江			
广西百色	右江			
广西南宁	郁江	《水生生物学集刊》第6卷第4期，423页	王幼槐	1979
广西柳州	柳江			
广西三江	都柳江	《广西淡水鱼类志》，138页	广西水产研究所	1981
广西崇左	左江			
广西横县	郁江			
广西天峨	红水河			
广西桂平	浔江	《珠江鱼类志》，225页	郑慈英	1989
广西南宁	郁江			
广西百色	右江			
广西龙州	左江			
贵州罗甸	红水河	《贵州鱼类志》，194页	伍律	1989
云南富宁	右江西洋江	《云南鱼类志》，326页	褚新洛、陈银瑞	1989
广西龙州	左江	《中国动物志硬骨鱼纲鲤形目（下卷）》，396页	乐佩琦	2000
广西百色	右江			
广西南宁	郁江			
广西阳朔	漓江			
广西桂平	浔江			
广西龙州	左江	《广西淡水鱼类志》，297页	周解	2006
广西百色	右江			
广西南宁	郁江			
广西都安	红水河	广西水产科学研究院	本项目组	2000
广西南宁	郁江	广西水产科学研究院	本项目组	2015
贵州贞丰	红水河北盘江	广西水产科学研究院	本项目组	2016
广西来宾	红水河	广西水产科学研究院	本项目组	2016
广西河池	柳江龙江	广西水产科学研究院	本项目组	2016~2021
广西崇左	左江	广西水产科学研究院	本项目组	2018~2021
广西龙州				

二、乌原鲤的自然资源现状

广西水产科学研究院十多年来在相关渔业资源调查工作中一直关注乌原鲤自然资源状况。广西科学技术厅及广西渔业主管部门近年来也十分重视珍稀鱼类的基础研究及自然资源保护恢复工作。2015年开始，广西水产科学研究院承担了农业部、广西科学技术厅和广西渔业主管部门下达的乌原鲤相关研究和增殖放流科研等多项工作任务，其中包括2015年广西科学研究与技术开发计划项目"乌原鲤人工繁育技术研究"（桂科攻15248003-19）、2016年广西水产遗传育种与健康养殖重点实验室建设项目（16-380-38）自主研究课题"乌原鲤生物学及遗传学特性研究"（16-A-04-01）、2017年农业部物种品种资源保护费项目"乌原鲤增殖放流跟踪监测与效果评估"（171821301354052167）、2018年中央农业资源及生态保护补助资金水生生物增殖放流项目（桂海渔办发〔2018〕52号）"乌原鲤增殖放流"、2018年第二批广西地方标准制定项目"乌原鲤"（桂市监函〔2018〕253号）、2019年中央农业资源及生态保护补助资金水生生物增殖放流项目（桂农厅办发〔2019〕66号）"乌原鲤增殖放流"、2021年渔业油价补贴政策调整一般性转移支付资金项目"乌原鲤增殖放流"、2021年渔业油价补贴政策调整一般性转移支付资金项目"广西渔业资源调查"（桂农厅函〔2022〕323号）、2022年广西农业科技自筹经费项目"乌原鲤增殖放流及效果评估"（Z202228）、2023年广西水产遗传育种与健康养殖重点实验室建设项目（20-238-07）自主研究课题"乌原鲤增殖放流技术研究"（2023-A-04-01）等，陆续开展乌原鲤自然资源调查、基础生物学研究、饵料需求研究、遗传学研究、池塘驯养、亲鱼培育、人工孵化、苗种培育等科研与生产实践，取得了一系列科学研究和实践工作成果、成效。

项目组自2013年10月起开展乌原鲤资源及分布现状专项调查，分别于2014年、2015年和2016年多次到广西及贵州原乌原鲤主要分布水域及各辖地渔业主管部门调查，实地走访各地渔村渔民。广西调查水域主要为大部分西江流域干支流水域，包括右江水域、左江水域、郁江水域、黔江水域、浔江水域、西江水域、红水河水域、柳江水域和桂江水域等，重点调查左江水域、右江水域、红水河水域和柳江水域及其上游支流。贵州调查水域主要为红水河水域及柳江上游支流，重点调查红水河上游北盘江等支流和都柳江上游及其支流。据调查，珠江流域西江水系的广西、贵州及云南水域有乌原鲤分布。广西的漓江、桂江、红水河、柳江、郁江、左江、邕江、浔江、西江和右江均有乌原鲤捕获公开记载。乌原鲤在贵州主要分布在红水河流域上游支流和都柳江水域，在云南省郁江上游西洋江等水域有分布。

近年调查得到的基本信息是，乌原鲤之前在西江水系等很多水域均有分布，但近十年来只有少量地方偶有捕获，多数水域已多年未见，现主要分布区为柳江支流龙江上游支流及红水河上游支流。调查信息显示，广西水域中，在红水河干流，2000 年 3 月于河池都安红渡段捕获成鱼 1 尾、2016 年 11 月在来宾桥巩坝下捕获成鱼 1 尾；在郁江水域，2015 年 9 月于南宁邕江段捕获成鱼 1 尾。现广西辖内乌原鲤分布最多的水域是柳江支流龙江上游，特别是打狗河中上游段。2000 年以来，在打狗河八贡镇往上 7~8 km 河段，每年均有野生乌原鲤捕获，以 1~2 龄乌原鲤捕获数量较多，成鱼捕获数量相对较少，此河段还有桂华鲮及光倒刺鲃等珍稀鱼类资源。漓江、黔江、浔江、西江、桂江、左江、右江已经多年没有乌原鲤捕获记录。贵州水域中，在红水河上游支流北盘江干流上游董箐电站以上至马马崖一级枢纽段水域，10 年前每年均可捕获数百尾乌原鲤，现每年仅可捕获数十尾乌原鲤成鱼；其他水域暂未获得相关捕获信息。

自 2016 年以来，在红水河上游、柳江、郁江等连续开展乌原鲤增殖放流。2018~2020 年，增殖放流水域如郁江上游左江水域捕获乌原鲤的数量有所增加，但是乌原鲤的野生种群自然资源量总体仍然稀少。

第二节　乌原鲤人工增殖养殖现状

乌原鲤曾经是珠江水系的上等经济鱼类，受消费者喜爱，其味道、外形色彩均较好，经济价值较高。由于自然资源日渐枯竭，近年来更是少有捕获，乌原鲤的知名度及被识别的可能性大大下降，逐渐被消费者遗忘，淡出人们的视野。

近年来，由于我国对生态环境保护和修复工作的重视程度日益增加，对生物多样性保护的重要性、必要性的认识更加深入，对濒危珍稀物种的种质养护工作投入加大，乌原鲤的种质保护工作也受到了高度重视，相关保护和研究工作逐步开展。科研和管理部门下达了乌原鲤相关研究项目,渔业主管部门加大了乌原鲤保护和恢复的工作力度及资金投入,一些水利工程建设项目的生态保护措施也增加了乌原鲤保护和恢复的内容。特别是2021年,乌原鲤被列为国家二级重点保护野生动物,使乌原鲤的种质资源养护保护工作提高到了更加重要的位置。

近十年,贵州、广西和云南均开展了乌原鲤基础生物学及人工催产繁殖的研究和实践。贵州2015年就在红水河上游支流开展了乌原鲤增殖放流工作。广西自2018年以来,每年均向自然江河增殖放流乌原鲤苗种,不仅为珠江流域特有珍稀濒危物种乌原鲤的自然资源恢复作出贡献,也为我国营造健康的水域生态环境、人与自然和谐共生的生物多样性环境作出应有贡献。

历史上,由于乌原鲤自然资源稀少,知名度不高,与常见养殖鱼类相比生长相对缓慢,不能通过大量养殖迅速获得经济效益,基本上没有商品鱼养殖产业。乌原鲤的繁殖要求较高,人工繁殖难关直至2015年前后才攻克,至今没有建设大规模苗种生产基地,这是乌原鲤没有开展规模养殖的另外一个因素。

更加重要的原因是,2021年国家林业和草原局、农业农村部公布乌原鲤被列为国家二级重点保护野生动物,乌原鲤的采捕和买卖均受到严格管控,乌原鲤的商品鱼养殖也因此更加难以进行。

现阶段,乌原鲤作为国家二级重点保护野生动物,其种质资源受到严格保护,现存养殖的乌原鲤,大多数是农业农村部公告的几家珍贵濒危水生动物增殖放流苗种供应单位正在养殖的亲本、后备亲鱼或人工繁殖的鱼种,用于江河增殖放流,恢复乌原鲤种群资源,也用于开展乌原鲤相关科学研究工作。

开展乌原鲤增殖放流的任务和资金来源包括以下几种类别:中央财政经费下达的乌原鲤增殖放流任务、各级渔业主管部门下达的乌原鲤增殖放流任务、下级渔业主管部门向上级主管部门申请的乌原鲤增殖放流项目、各级科研机构向上级渔业主管部门或科研管理部门申请乌原鲤相关研究项目后获得的乌原鲤苗种开展的增殖放流、水利工程建设或其他类别生态补偿经济指定开展的乌原鲤增殖放流。据悉,贵州分别于2015年和2016年开展了乌原鲤增殖放流工作,每次放流乌原鲤数十万尾。广西渔业主管部门分别在2018年、

2019年、2020年和2022年中央农业资源及生态保护补助资金项目广西水生生物增殖放流项目安排了30万尾、15万尾、24万尾和12.5万尾乌原鲤增殖放流任务。桂林和柳州也在近年安排过乌原鲤增殖放流任务。此外，广西的水利枢纽项目也按照环境影响评估要求，增殖放流了部分乌原鲤苗种。2018年至今，广西水产科学研究院利用人工繁殖获得的乌原鲤子代已经多次在广西自然江河水域增殖放流，分别是：2018年11月5日，承担的2017年农业部物种品种资源保护费项目"乌原鲤增殖放流跟踪监测与效果评估"项目在柳江柳城段增殖放流平均全长大于9 cm规格乌原鲤苗种3.84万尾，其中全长10 cm以上鱼种7488尾，带有荧光标志的鱼种3011尾；2019年6月，承担的2018年中央农业资源及生态保护补助资金水生生物增殖放流项目在广西郁江上游支流左江龙州段增殖放流全长大于5 cm规格乌原鲤苗种20.01万尾，并按超过增殖放流总量0.1%的比例放流了带有荧光标志的鱼种；2019年12月，承担的2019年中央农业资源及生态保护补助资金水生生物增殖放流项目在广西郁江上游支流左江龙州段增殖放流全长大于5 cm规格乌原鲤苗种27.4万尾，并按超过增殖放流总量0.1%的比例放流了带有荧光标志的鱼种；2020年10月21日，承担的2015年广西科学研究与技术开发计划项目"乌原鲤人工繁育技术研究"利用人工繁殖获得的乌原鲤子代在红水河大化贡川段增殖放流全长大于5 cm规格乌原鲤苗种2.2万尾，其中带有荧光标志的鱼种0.2万尾；2022年8月30日，承担的2021年渔业油价补贴政策调整一般性转移支付资金项目"乌原鲤增殖放流"利用人工繁殖获得的乌原鲤子代在郁江支流右江隆安段增殖放流全长大于12 cm规格乌原鲤苗种1.1万尾，其中按0.1%的比例放流了带有荧光标志的鱼种。此外，2019年6月6日，柳州相关单位在柳江柳州市区段也增殖放流了数万尾乌原鲤苗种。2021年11月12日，广西大藤峡水利枢纽鱼类增殖放流活动在大藤峡鱼类增殖放流站和来宾市红水河珍稀鱼类增殖保护站同时举行，增殖放流鱼类中包括乌原鲤苗种。2023年，乌原鲤增殖放流活动已进入实施阶段，后续广西适宜水域乌原鲤增殖放流活动将持续开展。这些乌原鲤增殖放流活动为保护和恢复广西自然江河的乌原鲤资源，维护水域生态环境健康和渔业经济发展做出积极贡献。

第三章 乌原鲤人工繁育

第一节 乌原鲤亲鱼选育

一、乌原鲤亲鱼采捕

（一）野外亲鱼选择与采捕

乌原鲤亲本一般选择来源于珠江流域未经人工放流乌原鲤的天然水体中。2021 年，国家林业和草原局、农业农村部公布乌原鲤列为国家二级重点保护野生动物，野外水域采捕乌原鲤需要获得主管机构审批，在获得中华人民共和国水生野生动物特许猎捕证或其他合法批准批复的前提下进行。乌原鲤亲本采捕不能采用电、钓等方法，可采用单层刺网捕捞，挑选不轻于 750 g 且损伤较小的野生个体，利用采捕水域作为暂养水源，就地网箱或水泥池养定，待鱼体恢复正常后再用氧气袋充氧运输至养殖繁殖基地。

（二）人工繁殖种群养殖后备亲鱼

从持有国家发放的水生野生动物（乌原鲤）人工繁育许可证的苗种场选取苗种，通过模拟自然生境等手段，在池塘培育 4~5 年达到性成熟的个体可作为后备亲鱼，但需经过生物学特征筛选才可作为繁育苗种的亲鱼使用。

二、乌原鲤亲鱼选择与培育

（一）野外采捕亲鱼养殖与培育

野外采捕的乌原鲤从野生环境到人工养殖环境需有适应的过程。入池塘初期不投喂，待其适应池塘环境后，再采用循序渐进的方法进行驯食。乌原鲤属于杂食偏肉食性的鱼类，饵料需求较普通家鱼要高，可投喂蛋白质含量在 35％左右的全价人工配合颗粒饵料。投喂时先少量全池遍洒，然后逐渐收缩投饵面积，经过一定时间的驯食，待鱼群渐渐形成定位进食的习惯后，再进入正常投喂阶段。除投喂人工配比饵料外，还需每周投喂 1~2 次动物性饵料，如水蚯蚓、螺肉、蚌肉及鱼肉等。根据水温情况，日投饵量为1%~5%，早、晚各投喂1次，以投喂后1h内吃完为宜。同时加强池塘日常管理，调节水质使溶解氧含量保持在5 mg/L以上，pH值7.2~8.5，透明度35 cm左右。在亲鱼繁殖前2个月，每周投喂3次动物性饵料，每天冲水2 h，以促进亲鱼性腺发育。

（二）人工繁殖种群亲鱼养殖与培育

从人工培育的群体中挑选符合生物学特征的个体放入培育池中单养，要求雄鱼体质量不低于1000 g，雌鱼体质量不低于1300 g。亲鱼应健壮无病，无畸形缺陷，鱼体光滑，体色正常，鳞片、鳍条无损，生长良好。亲鱼培育在面积为2000 m²的池塘进行，水深1.0~1.5 m，放养密度约100 kg/亩，雌雄鱼放养比例为5：1。投喂蛋白质含量为35%的鲤鱼沉性饵料，每7~10 d加注新水1次，促进亲鱼性腺发育成熟。

第二节　乌原鲤人工繁殖

一、繁殖设施设备及环境条件

（一）人工催产设施

人工催产设施为面积50~100 m²的水泥池，深1.5 m，池底及池壁光滑，能保持流水，适宜进行人工催产。因乌原鲤为底层鱼类，喜阴怕光、生性胆小，人工催产产卵池应用遮阳网遮挡，避免光线直射，保持暗光条件，持续加入清澈新鲜的水，保持流水刺激状态。

（二）人工孵化设施

乌原鲤可以用孵化桶、孵化框、鱼巢等孵化设施进行受精卵孵化。多年实践证明，孵化桶为最佳孵化设施。因为孵化桶易形成暗光条件，微流水形式提供了持续稳定的水流冲击，可保持受精卵始终处于悬浮翻滚状态，避免受精卵因下沉堆积造成缺氧，同时有效防止未受精发霉卵或坏死卵与周围正常发育的受精卵之间的粘连。

二、亲鱼选择与催产

（一）亲鱼选择与配对

性成熟亲鱼的选择是人工繁育的关键。亲鱼选择标准：体无病伤、鳞片完整、体型符合生物学特征的健壮个体。雄鱼要求 4 龄以上，吻部有明显追星，用手触摸吻部和鱼体有粗糙感，轻压腹部有乳白色精液从泄殖孔流出，精液入水会自然散开。雌鱼要求 5 龄以上，吻部前段有许多白色小点，但用手触摸无粗糙感，腹部膨大松软且富有弹性，卵巢轮廓明显，生殖孔外突，肛门红肿。选择用于催产的亲鱼的雌雄配组比例为 5：1。

（二）催产药物

乌原鲤需用外源激素诱导产卵，常用催产剂有鲤鱼脑垂体（PG）、马来酸地欧酮（DOM）、绒毛膜促性腺激素（HCG）、促黄体素释放激素类似物（LHRH–A2）等。雌鱼用量标准（按每千克体重）为 PG 0.75 粒 +DOM 8 mg+LHRH–A2 3μg 或 HCG 1000IU+LHRH–A2 3μg+DOM 8 mg。雄鱼用量减半。

（三）注射方法与效应时间

水温升至 20℃时可以进行乌原鲤人工催产，适宜催产水温为 22~25 ℃。根据上述激素用量标准用生理盐水制成悬浊液，注射量为雌鱼每千克体重 1.0 mL，雄鱼每千克体重 0.5 mL，注射部位为胸鳍基部，注射深度以 2 cm 为宜。把已注射催产剂的亲鱼放入产卵池中，冲水使产卵池形成一定旋转水流，在水温 22 ℃左右情况下，效应时间一般为 12 h。当雌雄亲鱼开始发情追逐时，立即将亲鱼捕起进行检查，如果雌鱼能挤出卵粒，则立即进行人工授精；如果雌鱼不能挤出卵粒，则隔 1 h 再对亲鱼进行检查。

（四）人工授精

采取干法人工授精，用软布将亲鱼腹部及容器擦干，先轻压雌鱼腹部挤出卵粒，再迅速将精液挤入盛有鱼卵的容器中，用羽毛将鱼卵与精液轻轻搅拌约 30 s，加入适量的 0.7% 生理盐水，以淹没精液与卵粒为宜，静置 1 min，使其充分授精。整个人工授精过程都应避免精液与卵粒受阳光直射。

（五）受精卵脱黏

乌原鲤受精卵呈金黄色的圆球形，吸水前直径约 1.8 mm，吸水后膨胀至直径约 2.3 mm，具有黏性。用黄泥过 60 目筛网加水制成脱黏剂，倒入盛有受精卵的容器中，一边倒一边用羽毛不停搅拌，直至受精卵不再互相黏附结块，呈分散颗粒状为止，然后用清水洗去多余的泥浆，即可移入孵化桶进行孵化。

（六）受精卵孵化

将受精卵放入孵化桶中，密度为每 100 L 水体不大于 5 万粒受精卵。控制水流使受精卵在孵化桶中悬浮翻滚。孵化水温保持在 18~23 ℃，孵化时间为 80~150 h。在适宜水温范围内，水温越高孵化的时间越短。孵化用水为清澈新鲜的水，需符合《渔业水质标准》（GB 11607—1989）的规定，溶解氧含量不低于 6 mg/L，水温温差不大于 2 ℃。孵化中后期，未受精的卵会感染水霉并传染正常发育的受精卵，极大影响孵化率，因此需及时清除感染水霉的卵粒。

三、胚胎发育特征

参考淡水鱼类胚胎发育相关研究成果，描述乌原鲤胚胎各个发育阶段不同发育时期的特征。通过奥林巴斯 CX31 生物显微镜和奥林巴斯 SZ61 体视显微镜对胚胎发育过程进行连续活体观察，利用奥林巴斯 DP73 显微镜成像系统和奥林巴斯 cellSens Standard 1.6 显微镜图像软件对各发育时期的胚胎进行成像和采集。受精后至囊胚阶段前每隔 10 min、囊胚阶段后至原肠晚期每隔 30 min、原肠晚期后每隔 60 min 均需观察拍摄记录 1 次。随机取样 20 粒以上胚胎观察拍摄记录各发育时期的形态特征及发育时间，以 50% 的胚胎进入某个发育时期为该发育时期的起始时间。从前一个发育阶段到下一个发育阶段的时间间隔为该发育阶段的持续时间。发育积温为某发育阶段平均水温与此发育阶段持续时间的乘积。

受精卵卵径、胚胎及出膜仔鱼等的相关长度数据使用奥林巴斯 DP73 显微镜成像系统和奥林巴斯 cellSens Standard 1.6 显微镜图像软件内置测量程序采集及测量。选取 3 次试验观察拍摄获得的典型照片通过 Adobe Photoshop CS8.0.1 处理后，作为乌原鲤各胚胎发育时期的特征模板照片。

试验样本的亲本来自渔民捕获出售的成熟亲鱼及野生鱼苗池塘培育成熟的亲鱼，雌鱼体质量 1.0~2.0 kg，雄鱼体质量 0.8~2.5 kg。筛选性腺发育良好的亲鱼注射催产药物，然后放入产卵池中利用流水刺激促产。待发现产卵池中亲鱼出现追逐现象且有产卵迹象时，进行干法人工授精。受精卵置于微流水、连续充氧孵化桶中孵化，水温控制在（20 ± 1）℃、溶解氧含量保持在 7 mg/L 以上。

乌原鲤受精卵吸水膨胀后，卵径 2.28~2.57 mm。乌原鲤胚胎发育过程与其他鱼类胚胎发育过程相似，历经受精卵、卵裂、囊胚、原肠胚、神经胚、器官形成及孵化出膜 7 个阶段，每个发育阶段又有若干个发育时期。在水温为（20 ± 1）℃、溶解氧含量在 7.0 mg/L 以上的条件下，乌原鲤受精至出膜时长为 80.8 h，胚胎发育所需总积温为 1616.0 ℃ · h。

受精卵阶段：受精后 1.50 h 胚盘隆起。本阶段历时 2.22 h，积温 44.4 ℃ · h。

卵裂阶段：受精后 2.22 h、3.07 h、3.93 h、4.82 h、5.90 h 和 7.13 h 分别进入 2 细胞期、4 细胞期、8 细胞期、16 细胞期、32 细胞期和多细胞期。本阶段为受精后 2.22~9.02 h，历时 6.80 h，积温 136.0 ℃ · h。

囊胚阶段：受精后 9.02 h、10.42 h 和 12.17 h 分别进入囊胚早期、囊胚中期和囊胚晚期。本阶段为受精后 9.02~15.37 h，历时 6.35 h，积温 127.0 ℃ · h。

原肠胚阶段：受精后 15.37 h、19.25 h 和 21.27 h 分别进入原肠早期、原肠中期和原肠晚期。本阶段为受精后 15.37~21.88 h，历时 6.51 h，积温 130.2 ℃ · h。

神经胚阶段：受精后 21.88 h 和 22.47 h 分别进入神经胚期和胚孔封闭期。本阶段为受精后 21.88~24.63 h，历时 2.75 h，积温 55.0 ℃ · h。

器官形成阶段：受精后 24.63 h 肌节形成，26.42 h、28.55 h、30.85 h 和 31.77 h，眼基、眼囊、尾芽和尾鳍相继形成，34.97 h 眼晶体形成，37.73 h 进入肌肉效应期，40.37 h 耳石形成，43.53 h 心脏形成，52.38 h 进入心脏搏动期。本阶段为受精后 24.63~80.80 h，历时 56.17 h，积温 1123.4 ℃ · h。

孵化出膜阶段：受精后 80.80 h，仔鱼孵化出膜。本阶段历时 47.45 h。其中初始出膜时间为受精后 71.33 h，25 % 个体出膜时间为受精后 78.60 h，50 % 个体出膜时间为受精后 80.80 h，75 % 个体出膜时间为受精后 87.72 h，最迟出膜时间为受精后 128.25 h。在水温为（15 ± 1）℃条件下乌原鲤受精卵出膜时间为受精后 116.5 h，初始出膜时间为受精后 100.50 h，25％个体出膜时间为受精后 110.33 h，50％个体出膜时间为受精后 116.50 h，75％个体出膜时间为受精后 134.33 h，最迟出膜时间为受精后 164.50 h。

初孵仔鱼全长约 6100 μm，体高约 1600 μm，卵黄囊呈前大后小的漏斗形，后部高为前部最高处的 1/5~1/4。仔鱼出膜后静卧水底，偶能挣扎弹起，不能游动。出膜 24 h 的仔鱼全长约 6500 μm，体高约 1640 μm，卵黄囊前大后小，后部高约为前部最高处的 1/3。出膜 48 h 的仔鱼全长约 7240 μm，体高约 1540 μm。出膜 72 h 的仔鱼全长约 7970 μm，体高约 1390 μm，静卧水底，偶尔弹起游动数秒。

水温（20±1）℃条件下胚胎发育过程中各个发育时期主要特征见表 3-1 和图 3-1。

表 3-1　乌原鲤胚胎发育特征

发育阶段	发育时期	发育时间 / h	持续时间 / h	主要形态特征	图号
受精卵阶段	受精卵	0.00	2.22	成熟卵子形态相近，呈圆球形，亮黄色，卵径 1.68~1.98 mm，具黏性。吸水后膨胀，卵径 2.28~2.57 mm	a
	胚盘隆起期	1.50		卵周隙出现，受精卵内的原生质向动物极聚集，在卵黄表面形成颜色较深的隆起胚盘。此时去膜胚胎直径约 1839 μm，高约 1855 μm，胚盘隆起高度约 480 μm	b
卵裂阶段	2 细胞期	2.22	6.80	动物极出现横贯胚盘的分裂沟，第 1 次分裂，形成 2 个形状及大小相当的卵裂球。此时去膜胚胎直径约 1895 μm，高约 1777 μm	c
	4 细胞期	3.07		胚盘第 2 次卵裂，与第 1 次分裂面垂直纵裂成 4 个前后排列但相对独立、大小相等的卵裂球。此时去膜胚胎直径约 1801 μm，高约 1893 μm	d
	8 细胞期	3.93		胚盘第 3 次卵裂，两个分裂面通过第 2 次分裂沟而与第 1 次分裂面平行，形成 2 排前后排列的 8 个卵裂球。此时去膜胚胎直径约 1736 μm，高约 1862 μm	e
	16 细胞期	4.82		胚盘第 4 次卵裂，两个分裂面与第 2 次分裂面平行，形成 4 排（每排 4 个），大小基本一致、排列整齐的 16 个卵裂球。此时去膜胚胎直径约 1739 μm，高约 1891 μm	f
	32 细胞期	5.90		胚盘第 5 次卵裂，形成排列不整齐、边缘细胞大于中间细胞的 32 个卵裂球。之后是 64 细胞期等	g

续表

发育阶段	发育时期	发育时间 / h	持续时间 / h	主要形态特征	图号
卵裂阶段	多细胞期	7.13	6.80	胚盘经过多次卵裂，卵裂球越来越多且体积越分越小，排列重叠程度增大，逐渐形成隆起的细胞团，细胞界限清楚	h
囊胚阶段	囊胚早期	9.02	6.35	细胞继续分裂，卵裂球体积进一步变小，界限模糊，囊胚层内层稍凹陷，外层突出，在胚盘上形成隆起的高囊胚。此时去膜胚胎直径约 $1785\,\mu m$，高约 $1945\,\mu m$，隆起高度约 $520\,\mu m$	i
	囊胚中期	10.42		细胞继续分裂，胚层高度开始下降，囊胚层较囊胚早期低，仅略突出，已无细胞界限。此时去膜胚胎直径约 $1800\,\mu m$，高约 $1865\,\mu m$，隆起高度约 $520\,\mu m$	j
	囊胚晚期	12.17		囊胚细胞进一步扩散，囊胚内外层与卵黄面贴合，胚层变得扁平而宽，并沿卵表面向植物极扩展，逐渐将卵黄部分包围起来。此时去膜胚胎直径约 $1821\,\mu m$，高约 $1862\,\mu m$	k
原肠胚阶段	原肠早期	15.37	6.51	细胞不断分裂且卵裂球移动位置，囊胚层出现增厚的胚环，胚层下包和内卷，胚层下包至 1/3~2/5。此时去膜胚胎直径约 $1730\,\mu m$，高约 $1829\,\mu m$，下包高约 $720\,\mu m$	l
	原肠中期	19.25		胚层继续下包，下包至 1/2~2/3 时，胚环边缘加厚而形成胚盾。此时去膜胚胎直径约 $1658\,\mu m$，高约 $1873\,\mu m$，下包高约 $1090\,\mu m$	m
	原肠晚期	21.27		胚盾扩大伸长，胚层下包至 2/3~4/5，胚盾伸过动物极，胚盾前端膨大抬起，形成脑泡原基。此时去膜胚胎直径约 $1556\,\mu m$，高约 $2087\,\mu m$，下包高约 $1414\,\mu m$	n
神经胚阶段	神经胚期	21.88	2.75	胚层下包至 4/5~5/6，胚环明显缩小，胚体延长，胚体神经板形成。由于胚层包裹绝大部分卵黄而出现卵黄栓。此时去膜胚胎直径约 $1534\,\mu m$，高约 $2111\,\mu m$，下包高约 $1754\,\mu m$	o
	胚孔封闭期	22.47		随着胚层进一步下包，最后胚层环抱卵黄，卵黄栓消失，在卵黄栓末端形成圆形的胚孔，胚孔越来越小，直至封闭，头部略抬起，胚体延长。此时去膜胚胎直径约 $1554\,\mu m$，高约 $1944\,\mu m$	p

续表

发育阶段	发育时期	发育时间/h	持续时间/h	主要形态特征	图号
器官形成阶段	肌节形成期	24.63	56.17	头部前端增大，抬起更高，胚体略呈圆形，胚体中段出现体节。随着时间推移，体节不断增加。此时去膜胚胎直径约 1687 μm，高约 1944 μm，头部高约 264 μm	q
	眼基形成期	26.42		头部前端抬起更高，略高于尾部，头部中央出现椭圆形眼基，肌节 4 对。此时去膜胚胎直径约 1604 μm，高约 2079 μm，头部高约 335 μm。眼基长约 409 μm、高约 149 μm	r
	眼囊形成期	28.55		头部继续增大抬起，尾部延伸，胚体的头尾部更接近，卵黄体近圆形。眼囊清晰，长椭圆形，随后眼囊下方出现黑斑状嗅板，肌节 9 对，脊索清晰。此时去膜胚胎直径约 1716 μm，高约 2037 μm，头部高约 432 μm。眼囊长约 390 μm、高约 232 μm。头尾间距约 903 μm	s
	尾芽形成期	30.85		脊索明显，自头部至尾部胚体均增大，尾部卵黄出现凹陷，开始游离出卵黄囊，有一层膜状结构把胚体与卵黄囊隔开，形成尾芽，肌节清晰，卵黄囊近圆形。此时去膜胚胎直径约 1875 μm，高约 2092 μm，头部高约 405 μm，头尾间距约 718 μm	t
	尾鳍形成期	31.77		尾芽完全突出，卵黄体形成尾鳍，头尾部更加接近，卵黄体缩小，呈上圆下尖的肾形，胸鳍原基出现。此时去膜胚胎直径约 1914 μm，高约 2290 μm，头部高约 491 μm，头尾间距约 536 μm	u
	晶体形成期	34.97		脊索非常清晰，眼杯中可见晶体，卵黄体呈上肾形，肌节清晰	v
	肌肉效应期	37.73		胚体延长，头部突出，尾的边缘出现皮褶，可见胚体微弱的间歇性颤动，颤动时间间隔及次数无规律。此时去膜胚胎直径约 1594 μm，高约 2489 μm，头尾间距约 718 μm，眼长约 305 μm，眼高约 268 μm，眼晶体直径约 117 μm	w
	耳石形成期	40.37		眼囊逐渐凹陷呈杯状，脊索前端的上方出现小泡状耳囊，尾鳍伸长，脊索可见，肌肉收缩加强，眼前方有 1 对浅凹陷，耳囊出现小石粒。尾鳍长约 550 μm	x
	心脏形成期	43.53		尾部游离增长，在胚胎头部和卵黄囊之间可见葫芦状细胞串心脏原基。尾鳍长约 664 μm	y
	心脏搏动期	52.38		尾部伸长，头部腹下方、卵黄囊正前方的心脏开始跳动，由弱到强，胚体伸直。心脏搏动的前面 5 h 跳动频率为 40~45 次/min，随后 12 h 跳动频率为 60 次/min，17 h 后稳定在 75 次/min	z

续表

发育阶段	发育时期	发育时间/h	持续时间/h	主要形态特征	图号
孵化出膜阶段	出膜期	80.80	47.45	胚体加速扭动，尾部不断拍击，通过扭动尾部顶破卵膜，自尾部脱膜孵出。初孵仔鱼全长约6100 μm，体高约1600 μm，出膜后静卧水底，偶能挣扎弹起，不能游动。出膜24 h的仔鱼全长约6500 μm	aa、bb

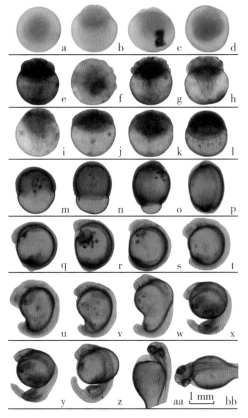

a为受精卵，b为胚盘隆起期，c为2细胞期，d为4细胞期，e为8细胞期，f为16细胞期，g为32细胞期，h为多细胞期，i为囊胚早期，j为囊胚中期，k为囊胚晚期，l为原肠早期，m为原肠中期，n为原肠晚期，o为神经胚期，p为胚孔封闭期，q为肌节形成期，r为眼基形成期，s为眼囊形成期，t为尾芽形成期，u为尾鳍形成期，v为晶体形成期，w为肌肉效应期，x为耳石形成期，y为心脏形成期，z为心脏搏动期，aa为初孵仔鱼前部侧面，bb为初孵仔鱼前部背面。

图3-1　乌原鲤的胚胎发育过程

乌原鲤胚胎发育过程与相同亚科鱼类相似。在水温 20 ℃左右的条件下，原鲤属的乌原鲤胚胎发育时长为 80.80 h，岩原鲤胚胎发育时长为 90.57 h；鲤属的三角鲤胚胎发育时长为 92.17 h，相差不大。鲤属的鲤胚胎发育时长为 60.00 h，鲫属的鲫胚胎发育时长为 59.08 h，时间均较短。

乌原鲤与同属的岩原鲤相比，受精卵阶段至囊胚阶段的发育时间相近，原肠胚阶段至器官形成阶段，岩原鲤胚胎发育相对较慢。在水温 20 ℃左右条件下，乌原鲤孵化出膜阶段持续时长 47.45 h，比岩原鲤的 27.43 h 更长，二者均为尾部先出膜。乌原鲤与岩原鲤胚胎心脏搏动时间及各时期心率略有差异，岩原鲤受精后 65.25 h 心脏开始搏动，65.75 h 心率 38 次 /min，78.27 h（即心脏开始搏动 13 h 后）心率 60 次 /min，初孵仔鱼心率 80~82 次 /min。乌原鲤受精后 50.78 h 心脏开始搏动，55.67 h 心率 40~45 次 /min，55.68~67.67 h 心率 60 次 /min，心脏开始搏动 17 h 后，心率稳定在 75 次 /min。乌原鲤胸鳍原基出现较早，在尾鳍形成期已经出现。岩原鲤胸鳍原基在心脏原基形成阶段才形成。

温度对乌原鲤胚胎发育及孵化出膜阶段影响明显。一是温度对胚胎发育时间影响明显。在水温（15±1）℃条件下乌原鲤受精卵至孵化出膜时间为 116.5 h，在水温（20±1）℃条件下为 80.8 h。在温度较低的条件下，胚胎发育相对迟缓，前期各阶段发育时间相差较小，后期发育时间相差较大。二是温度对孵化出膜阶段影响明显。在水温（15±1）℃条件下胚胎 25% ~75% 个体出膜持续时长 24 h，从初始出膜到完全出膜持续时长约 64 h。而在水温（20±1）℃条件下，胚胎 25% ~75% 个体出膜持续时长约 9 h，从初始出膜到完全出膜持续时长约 57 h。可见与水温（15±1）℃条件相比，水温（20±1）℃条件下，仔鱼出膜时间更早、出膜更同步、出膜时段更集中。此外，无论在水温（15±1）℃还是（20±1）℃条件下，乌原鲤孵化出膜阶段持续时长均接近 50 h，与岩原鲤在相同条件下的孵化出膜时间差约 30 h，其相关机理及影响有待研究。

四、胎后发育特征

（一）仔鱼前期

1 日龄仔鱼全长（6.64±0.28）mm，头部与躯干部贴于卵黄囊上，卵黄囊前半部呈椭圆形，后半部呈棒状。头部可明显观察到耳石，头部能观察到黄色点状斑。躯干部和尾部被鳍膜完全包裹。肠细直，肛门封闭。眼囊突出于头部两侧，黑色素于晶状体周围沉积完全，整体呈黑色。此时鱼苗在静水下沉于水底，偶尔短暂运动一下（图3-2）。

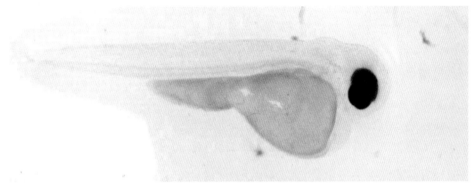

图3-2　1日龄仔鱼

2日龄仔鱼全长（7.311±0.29）mm，头部到背部的黄色点状斑增多，心脏部位红色血液流动明显。随着卵黄物质消耗，卵黄囊收缩，躯干部与卵黄囊相接处及卵黄囊上出现点状或星芒状色素。肛门和口分别外开。此时仔鱼能够进行短距离平游（图3-3）。

图3-3　2日龄仔鱼

3日龄仔鱼全长（8.126±0.59）mm，卵黄囊大部分被消耗，躯干部与卵黄囊相接处及卵黄囊上的色素进一步增多，且脊柱处出现点状色素。此时仔鱼口裂开合频繁，已经开始捕食丰年虫，出现鳃盖，肠道开始蠕动并出现弯曲，胸鳍出现，能够频繁游动（图3-4）。

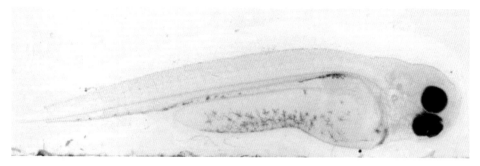

图3-4　3日龄仔鱼

4日龄仔鱼全长（8.996±0.51）mm，卵黄囊基本消耗完全，肠道中部开始膨大；眼囊出现虹膜环，虹膜环呈放射状，环绕于晶状体周围，彩色。此时仔鱼对光线变化更为敏感，大多数仔鱼出现一个鳔室，上方有色素沉积，胸鳍进一步增大，尾鳍出现放射丝，游泳能力增强，集群沉于水底（图3-5）。

图3-5　4日龄仔鱼

（二）仔鱼后期

5日龄仔鱼全长（9.637±0.57）mm。此时仔鱼摄食能力进一步增强，鳔室进一步增大，肠道弯曲程度加深，尾椎骨上翘，色素增多，主要集中在体侧中线下半部，心脏部位血液循环明显，能观察到心房、心室等结构（图3-6）。

图 3-6　5 日龄仔鱼

　　6 日龄仔鱼全长（9.706±0.56）mm，鳃盖进一步生长，鳃丝呈不规则锯齿状，被鳃盖完全盖住，脑部结构进一步完善，尾鳍放射丝增多并出现尾鳍鳍条，放射丝均处于鳍条上半部分，少数仔鱼尾鳍开始出现色素，胸鳍出现放射丝（图 3-7）。

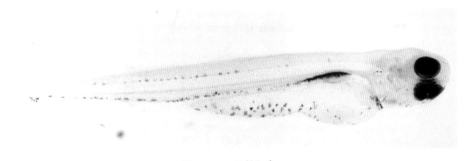

图 3-7　6 日龄仔鱼

　　8 日龄仔鱼全长（10.53±0.43）mm，头部色素增多，两眼之间出现黑色素带，尾鳍色素沉积增多，鳍条数增加，在鳍条旁可观察到血液流动，臀鳍出现并伴有短状放射丝，肠道完全连通（图 3-8）。

图 3-8　8 日龄仔鱼

10 日龄仔鱼全长（11.702±0.6）mm，背鳍和尾鳍之间出现明显凹陷，较大的仔鱼背鳍出现并伴有放射丝，尾椎骨末端有很多枝状色素聚集，尾鳍鳍条进一步增长，色素沉积增多，眼部虹膜环变宽，约占整个眼部的 1/2，呈淡紫色，眼部呈黄黑色（图 3-9）。

图 3-9　10 日龄仔鱼

12 日龄仔鱼全长（13.382±0.35）mm，尾鳍呈标准的两半，形状基本与成鱼一致，头部色素沉积范围变大、颜色加深，背鳍基部开始出现色素沉积且出现鳍条，腹鳍出现放射丝（图 3-10）。

图 3-10　12 日龄仔鱼

（三）稚鱼期

15 日龄稚鱼全长（15.495±0.71）mm。眼部进一步发育，色素沉积增加，虹膜环占眼球面积的大半，整体呈紫红色，鳃盖边缘开始出现色素沉积，出现第二鳃室，腹两侧开始出现鳞片，显微观察为圆鳞，标志着进入稚鱼期（图 3-11）。

图 3-11　15 日龄稚鱼

16 日龄稚鱼全长（16.305±0.45）mm，臀鳍出现鳍条，吻皮、头部枝状数目增多，胸鳍和背鳍末端明显延长（图 3-12）。

图 3-12　16 日龄稚鱼

18 日龄稚鱼全长（19.247±1.36）mm，鳃盖、尾鳍和躯干部开始出现鳞片，鳔下方出现一团球状的泡状物（解剖确认为脂肪粒）。此时稚鱼间生长差距拉大，最大与最小稚鱼之间全长相差 3 mm 左右。此时仔鱼出现在各水层，游动迅速（图 3-13）。

图 3-13　18 日龄稚鱼

20 日龄稚鱼全长（22.426 ± 0.7）mm，背鳍和臀鳍鳍条末端延长，鳞片零零散散布满整个身体，身体开始变得不透明，吻端色素沉积增多。通过定时定点喂食，稚鱼常常在食台上方慢慢游动，但受惊时反应灵敏（图 3-14）。

图 3-14　20 日龄稚鱼

30 日龄稚鱼全长（30.337 ± 0.7）mm。此时稚鱼喜欢在水体中下层游动，且游上食台的鱼变少（图 3-15）。

图 3-15　30 日龄稚鱼

55 日龄稚鱼全长（53.15 ± 1.61）mm，此时除了鱼须未长完全，其他形态基本与成鱼一致，体表鳞片包被完全（图 3-16）。

图 3-16　55 日龄仔鱼

五、生长早期体质量、全长变化

为探究乌原鲤早期生长特征，研究人员对同一批繁殖且饲养环境相同的乌原鲤的体质量和全长进行了为期8个月的跟踪测量，并对测量数据进行分析，包括体质量特定生长率（SGR）、日增重（DWG）、体质量相对增长率（RGR）和体质量变异系数（CV）。

$$SGR = \frac{(\ln W_2 - \ln W_1)}{t} \times 100\%,$$

$$DWG = \frac{W_2 - W_1}{t},$$

$$RGR = \frac{W_1 - W_2}{W_1} \times 100\%,$$

$$CV = \frac{SD}{X} \times 100\%,$$

式中，W_1、W_2分别为鱼的初始体质量和最终体质量（g），t为饲养天数（d），SD为标准差，X为鱼平均体质量（g）。

不同月龄乌原鲤体质量及全长变化见图3-17。结果表明，在1~8月龄间，乌原鲤的体质量和全长均呈增长趋势。其中，养殖时间为2~3月时，乌原鲤的体质量增长最快，而在3~5月龄时，乌原鲤全长增长较缓。为准确描述乌原鲤在1~8月龄时的生长状况，根据上述公式计算了体质量特定生长率、日增重、体质量相对增长率和体质量变异系数。乌原鲤体质量特定生长率呈现先上升后下降的趋势，在3月龄达到峰值；体质量日增重呈先下降后上升的趋势，在3月龄日增重最低，但体质量变异系数和体质量相对增长率的最大值均在3月龄处出现，结果见图3-18、图3-19。2~3月龄是乌原鲤早期发育的快速生长期。

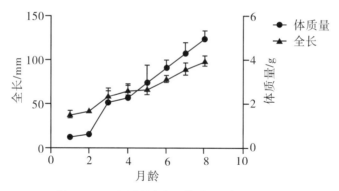

图 3-17　不同月龄乌原鲤体质量、全长变化图

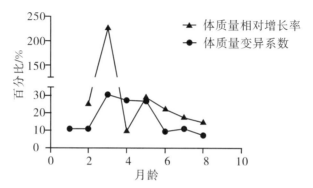

图 3-18　不同月龄乌原鲤体质量相对增长率、体质量变异系数变化图

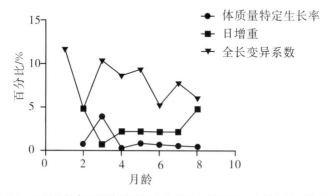

图 3-19　不同月龄乌原鲤体质量特定生长率、日增重、全长变异系数变化图

六、池塘养殖模式下不同年龄乌原鲤体质量、全长变化

为探究池塘养殖模式下不同年龄乌原鲤体质量和全长变化，研究人员对

广西水产科学研究院那马淡水养殖研发基地养殖的乌原鲤进行测量。乌原鲤均养殖在 2.47 亩的池塘中，密度为 600 尾 / 亩。

不同年龄乌原鲤体质量、全长见表 3-2。与乌原鲤早期发育的体质量和全长相比，池塘养殖成鱼的生长速度较缓慢，表明池塘养殖在一定程度上限制了乌原鲤的生长。为更好展示池塘养殖模式下乌原鲤体质量和全长的变化，绘制了相应的箱型图（图 3-20）。

表 3-2　池塘养殖模式下不同年龄乌原鲤体质量和全长记录表

年龄 / 年	体质量 /kg	全长 /cm
2	0.1~0.21	18.9~28.5
3	0.1~0.38	18.9~33.0
4	0.21~0.65	26.5~43.8
5	0.58~1.12	35.0~50.0
6	0.98~1.39	40.0~49.5

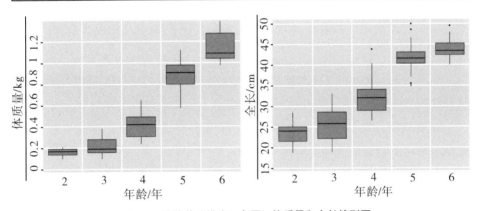

图 3-20　池塘养殖模式下乌原鲤体质量和全长箱型图

第四章　乌原鲤苗种培育

第一节　苗种培育及增殖放流相关定义

根据鱼类的生活史，其生长发育自精卵受精开始可分为不同发育阶段。鱼种培育及增殖放流也有相关名词术语。

①胚胎期，指从精子和卵子开始受精到孵化成仔鱼出膜之前的发育阶段。

②仔鱼前期，指小鱼苗刚从受精卵中孵化出来到卵黄囊被吸收消失的阶段。

③仔鱼后期，指鱼苗从卵黄囊被吸收消失到出现鳍条的阶段。

④稚鱼期，指从出现鳍条到鳞片包被完全的阶段。一般把仔鱼经过 3~5 周的培育管理，以消化器官为主的各种器官已形成的小鱼称为稚鱼，是鱼类由内源营养向主动摄食外源营养过渡的阶段，已基本具备成该鱼种的外形形态。

⑤鱼苗期，指鱼的身体发育基本成形，各鳍性状较为明显，体色逐渐鲜明，只有性腺尚未发育成熟的阶段。一般指小鱼生长 2 个月以上的时期。

⑥成鱼期，指幼鱼经过培育养殖，全部器官发育完全，性腺发育完成，繁殖季节可出现第二性征的阶段。

⑦亲鱼，指已达到性成熟并可用于人工繁殖的雌性和雄性成鱼；或经过催熟培育，性腺成熟，可以用作催产繁殖的成鱼。

⑧鱼种，通常将经过越冬培育的幼鱼称为鱼种。

⑨种鱼，指准备用于繁殖的鱼，但通常需要经过一段时间的培育才用于繁殖。

⑩水花、乌仔、夏花、秋片、冬片、春片均为民间鱼苗培育俗语。通常水花、乌仔和夏花为鱼苗，秋片、冬片和春片为鱼种。

水花，指从刚孵化出的小鱼到吸收完卵黄囊的营养成分且能自由平游的鱼苗，长度一般不超过 1 cm。

乌仔，指从水花开始再经过 10~15 d 培育的鱼苗，游泳能力强，全长约

2 cm。

夏花，指乌仔再经过 10~20 d 的培育，长成长 3 cm 左右的鱼苗，即从水花开始培育了 1 个月左右的鱼苗。

秋片，指夏花再经过 4~5 个月的饲养，长成长 10~20 cm 的鱼种。

冬片，指当年从水花开始饲养半年左右的鱼种。

春片，秋片鱼种越冬后即为春片鱼种。

⑪ 朝，指用鱼筛分选鱼苗的量具单位，可代表鱼苗的长度。5 朝、6 朝、7 朝、8 朝、9 朝、10 朝、11 朝、12 朝的鱼筛间距分别为 2 mm、3 mm、4 mm、5 mm、6 mm、8 mm、10 mm、12 mm。5 朝为长 15~20 mm 的苗种，6 朝为长 20~22 mm 的苗种，7 朝为长 25~30 mm 的苗种，8 朝为长 35~40 mm 的苗种，9 朝为长 55~50 mm 的苗种，10 朝约为长 60 mm 的苗种，11 朝约为长 70 mm 的苗种，12 朝约为长 90 mm 的苗种。

⑫ 投饲四定，指按固定的时间、位置、质量和数量进行投饲。定时，是指每次投喂饵料的时间和间隔要相对固定，使鱼类养成良好的进食习惯。定点，是指每次投喂饵料的位置要相对固定，使鱼类养成定点吃食的习惯，便于观察鱼类动态，检查吃食情况。定质，是指投喂的饵料要新鲜适口，营养均衡，不含有病原体和有毒物质，不可投喂变质或过期的饵料。定量，是指投喂量要相对固定。投喂量根据鱼类的大小、摄食情况、季节变化等灵活确定。投饲四定有提高饵料利用率、减少鱼病发生等优点。

⑬ 亲鱼培育，指在人工饲养条件下，促使亲鱼性腺发育至成熟的过程。通过人为控制水环境、饵料、温度等有效刺激手段或措施，培育出成熟率高、发育同步的健康优质亲鱼。

⑭ 人工催产，指通过给成熟的亲鱼注射催产剂，使已经发育成熟的精子或卵子继续发育，使鱼类在孵化设施中自行产卵受精或经过人工采卵、授精从而获得大量受精卵，进而孵化出鱼苗的过程。

⑮ 人工孵化，指采集鱼类自然产卵受精的受精卵或人工催产授精的受精卵，在设备中通过人为控制水流、温度、光照、气流、盐度等营造适宜的孵化环境条件，使受精卵完成完整的发育过程，仔鱼出膜。

⑯ 仔鱼培育，指对刚孵化出膜的仔鱼进行培育管理到其开口摄食。

⑰ 鱼苗培育，指培育出膜小苗 20~30 d，使其长成体长 1.5~3 cm 幼鱼的

培育过程。

⑱鱼种培育，指将发育至外观已具备成鱼基本特征的幼鱼培育成大规格鱼种的过程。

⑲池塘养殖，指利用人工挖建或天然的池塘进行水产经济动植物养殖的生产方式。通过利用适宜的池塘，合理进行放养前准备，放养适量苗种，进行科学的日常管理，达到养殖目标。

⑳增殖放流，指采用放流、底播、移植等人工方式向海洋、江河、湖泊、水库等公共水域投放亲体、苗种等活体水生生物的活动。

㉑标志放流，指对用物理、化学、生物技术等方法在水生生物体外或体内进行标识的水生生物成体、苗种等进行增殖放流的活动。

㉒增殖放流群体，指增殖放流的某种水生生物在自然水域形成的生物群体。

㉓本地种，指某一区域内原有的物种。

㉔子一代（F1），指用原种繁育的第一代个体。由子一代繁殖得到的后代叫子二代，依次类推。由雄子二代和雌子一代繁殖得到的后代叫子2.5代（F2.5）

㉕检验，水生生物增殖放流中的检验是指对生产、销售、放流的水产苗种进行违禁药物残留检测。增殖放流苗种的检测物为硝基呋喃类代谢物、孔雀石绿和氯霉素。经检验含有药物残留的经济水产苗种不得参加增殖放流活动。一年之内有两次及以上禁用药物检测呈阳性的苗种场，以及拒绝抽检或不接受监管的苗种场不得参与增殖放流苗种的招投标工作。

㉖检疫，水生生物增殖放流中的检疫是指中华人民共和国境内水生生物的产地检疫。不同水生生物有不同的疫病检疫对象。增殖放流水产苗种必须进行检疫，确保苗种健康无病害，经检验合格后方可进行放流。

㉗增殖放流效果评估，指对放流水生生物的存活、生长发育和扩散分布情况，以及放流产出的经济效益、生态效益和社会效益等进行估算与评价。

第二节　乌原鲤仔鱼培育

一、仔鱼培育池条件

仔鱼培育池以室内长方形水泥池为佳，面积 10~15 m²，池深 1 m，要求池壁及池底光滑，避免阳光直射，进水、排水方便，水源需符合《渔业水质标准》（GB 11607—1989）的规定。

二、仔鱼暂养

刚出膜的仔鱼身体幼小、纤细嫩弱，不能直接放入池塘，需在仔鱼培育池中暂养到卵黄囊消失、能自由平游并开口摄食后再转入鱼苗培育池进行鱼苗培育。将仔鱼培育池清洗干净并彻底消毒，经 80 目筛绢布过滤注入清澈新鲜的水，排水口用 40 目筛网拦好。微流水保持水深 0.7 m，轻柔充气使溶解氧含量不低于 6 mg/L，水温 22 ℃左右。然后将仔鱼按密度 10000 尾 /m² 放入池中，放养时温差不大于 2 ℃。刚出膜的仔鱼带着卵黄囊静卧池底，偶尔摆动尾巴，出膜后前 3 d 由卵黄囊提供营养，不需投喂，属于内源营养期；第 4 d 卵黄囊即将吸收完，只能提供部分营养，进入混合营养期；5 d 后卵黄囊吸收完全，靠外界摄食获取营养，进入外源营养期。这时鱼鳔充气完整，鱼能自由平游，需及时投饵。日投喂 5 次丰年虫或经 80 目网布过滤的熟蛋黄、轮虫，待鱼苗全长达到 1.2 cm 时，开始进入鱼苗培育阶段。

第三节　乌原鲤苗种培育

一、鱼苗培育池条件

鱼苗培育池为泥底池塘，池底平坦，底部淤泥 15 cm 左右，池形齐整，面积以 1~3 亩为宜，池深 1.8 m，水源充足，进水、排水方便，水质清新且符合《渔业水质标准》（GB 11607—1989）的规定。每亩配备 0.35 kW 旋涡式气泵 1 台及配套气盘。

二、前期准备

鱼苗培育池先干塘、暴晒，平整池底，清除池内杂草、杂物。放苗前

10 d 用生石灰清塘消毒，用量为 75 kg/ 亩。清塘后，经 60 目滤网过滤给池塘注入约 60 cm 深的水，然后用 EM 菌发酵过的有机肥按 200 kg/ 亩全池泼洒，培肥水质。

三、鱼苗放养

施基肥 7 d 后，轮虫繁殖数量达到高峰，经鱼苗试水确保安全后，将已开口进食且能自由平游的水花饱食下塘。搬运过程中一定要带水操作。采用单养模式，养殖密度为 10 万~12 万尾 / 亩。刚下塘的水花体质娇嫩，活动能力差，对光照、水温、溶解氧含量等极为敏感，条件不适极易发生应激反应造成大量死亡。为提高鱼苗的成活率和生长率，下塘时水温温差不超过 2 ℃，溶解氧含量不低于 6 mg/L，pH 值为 7~8.5。

四、饵料及投喂

鱼苗培育成活的关键是施肥后浮游动物的繁殖正好适合鱼苗摄食的要求。从下塘到生长至全长 3~4 cm，乌原鲤鱼苗食性的变化规律为：轮虫和无节幼虫—小型枝角类—大型枝角类—桡足类，这种变化规律与池塘中浮游动物的繁殖顺序基本一致。鱼苗刚下塘时主要摄食浮游动物，当全长达到约 1.5 cm 时开始投喂粗蛋白含量为 40% 左右的粉料。在距池底 30 cm 处设置饵料台，投喂前用声音刺激，让鱼苗形成条件反射。开始时少量多次投喂，待鱼苗以摄食人工饵料为主时逐渐增加投喂量和次数。驯食成功后每日投喂 5 次，日投饵量控制在鱼体重的 10% 左右。

五、分塘培育

乌原鲤鱼苗经过 40 d 培育，全长达到约 3 cm，体重达到约 0.6 g/ 尾时，需及时分塘，进入鱼种培育阶段。为了提高鱼种成活率，分塘前要进行 2 次拉网锻炼，以增强鱼种体质，提高其耐低氧能力。在晴天的上午 9 点，用网将集中鱼种，使鱼种在半离水状态挤轧 10~20 s，随即放回原塘。隔 1 d 进行第二次拉网锻炼，第二次拉网将鱼种围集后将渔网做成网箱暂养 3 h，然后将鱼种放回原塘。

六、日常管理

经 60 目滤网过滤进水，防止野杂鱼和敌害进入。鱼苗刚入池时水深约 60 cm，以后每隔 5 d 加注新水约 10 cm，以保持水质清新，有利于鱼苗生长，同时促进浮游生物繁殖、避免鱼病发生，最后保持水位 120 cm 左右。适时追肥，保持透明度在 30 cm 左右。乌原鲤生性胆小，可在池中种植水葫芦或用遮阳网盖住部分水面形成暗光条件，定期清洗消毒饵料台。每隔 10 d 左右，选晴天上午全池泼洒 EM 菌 1 次，保持养殖水体的稳定。坚持早、中、晚巡塘，观察池塘水色和鱼苗活动情况，以决定投饵量及是否加注新水，同时测量池塘水温、溶解氧含量，适时开启气泵保持水质清爽。每天的养殖管理情况都需要做好原始记录。

第四节　乌原鲤鱼种培育

一、鱼种培育池条件

鱼种培育池为泥底池塘，池底平坦，底部淤泥 20 cm 左右，池深 1.8 m，面积以 1300~3300 m² 为宜，水源充足，进水、排水方便，水质清新且符合《渔业水质标准》（GB 11607—1989）的规定。每 2000 m² 配备 1.5 kW 叶轮式增氧机 1 台。

二、前期准备

鱼种培育池先干塘、暴晒，放鱼种前 10 d 用生石灰清塘消毒，用量为 75 kg/ 亩。清塘后，经 60 目滤网过滤给池塘注入约 1 m 深的水，然后用 EM 菌发酵过的有机肥按 200 kg/ 亩全池泼洒，培肥水质，使夏花下塘后有丰富的天然饵料可摄食。

三、鱼种放养

全长约 3 cm 的乌原鲤鱼种先用 3% 食盐水或 20 mg/L 聚维酮碘溶液浸泡 5 min 再下塘，养殖密度为 5 万尾 / 亩，同时每亩配养 150 g/ 尾的白鲢 30 尾。整个放养过程必须带水操作，水温温差不高于 2 ℃，溶解氧含量不低于 6 mg/L，pH 值为 7.5~8。

四、饵料及投喂

全长约 3 cm 的鱼种能摄食浮游动物，也可以摄食人工配合饵料。设置饵料台，投喂前用声音刺激，让鱼种形成条件反射主动摄食。投喂粗蛋白含量为 38% 的鱼种破碎料，每日投喂 4 次，日投饵量为鱼体重的 8% 左右。

五、日常管理

每隔 5 d 给鱼种培育池加注新水 10~15 cm，最后水位保持 150 cm 左右，让水体保持肥、活、嫩、爽。日常管理与鱼苗培育日常管理方法相同。乌原鲤与普通鲤鱼相比生长较慢，全长约 3 cm 的鱼种经过 40 d 培育，能达到全长约 5 cm。再饲养 150 d 左右，能长至全长 10~12 cm。

第五节　乌原鲤池塘养殖

野生乌原鲤喜欢栖息在深水区和岩石、砾石较多的水体中，属于中下层鱼类。人工繁育的乌原鲤苗种经驯化后可在池塘人工养殖条件下正常生长。

一、养成池塘条件

宽水养大鱼。乌原鲤养成池塘面积影响产量，面积太大管理和操作困难，以 2000~4000 m² 的泥底池塘为宜，池深 2 m，环境安静，水源充足，进水、排水方便，水质清新且符合《渔业水质标准》（GB 11607—1989）的规定。每 2000 m² 配备 1.5 kW 叶轮式增氧机 1 台。

二、前期准备

排干塘水，清整鱼塘，除去杂草、杂物，暴晒塘底。放鱼前 10 d 用生石灰清塘消毒，杀灭有害生物和病原菌，用量为 75 kg/ 亩。清塘后，经 60 目滤网过滤给池塘注入约 80 cm 深的水，然后用 EM 菌发酵过的有机肥按 200 kg/ 亩全池泼洒，培肥水质。

三、苗种放养

放养全长约 10 cm 的乌原鲤鱼种 1000 尾 / 亩，要求鱼种体质健壮，规格均匀。放养前用 3% 食盐水或 20 mg/L 聚维酮碘溶液浸泡 5 min。配养小规格（150 克 / 尾）的鳙鱼 15 尾、鲢鱼 40 尾，以调节水质。乌原鲤性情温顺，不宜混养草鱼、鲫鱼、罗非鱼等抢食性的鱼种，以免相互争食而影响乌原鲤生长。

四、饵料及投喂

在池塘边适宜位置设置饵料台，根据鱼体大小投喂不同粒径的人工配合饵料，饵料粗蛋白含量为 35%。按照"四定"原则，结合季节、天气、水质和鱼的摄食强度调整投饵量，日投饵量一般为鱼体重的 5% 左右，每日投喂 3~4 次。

五、日常管理

放养初期，每隔 7 d 灌注新水 1 次，每次加水 10 cm，最后水位 180 cm 左右，让水体保持肥、活、嫩、爽。当水质过肥、过老时，应及时更换池水。坚持早、中、晚巡塘，适时开启增氧机防止鱼类缺氧，注意观察鱼类摄食、生长、活动及水质的变化情况，发现异常现象要及时采取措施，做好养殖管理情况记录。

第六节　苗种应激与病害防治

一、常见鱼类应激与发病原因

（一）鱼类应激原因

应激是由某些应激因子引起的鱼类非特异性紧张状态的现象，是鱼类对不良环境因素刺激的忍受达到或接近极限时所表现的异常状态。鱼类应激的主要原因：①水体水温、溶解氧含量、pH 值、氨氮含量等变化大，引起苗种应激；②投喂不当，如突然换饵料、突然加大投喂量等让鱼类不适，导致鱼类发生厌食、乱窜等应激反应；③捕捞、运输操作不当，鱼体损伤造成应激。

（二）鱼类发病原因

随着水产养殖规模的不断扩大和集约化水平的提高，各种鱼病的发生日益频繁，危害也越来越严重。鱼病已成为制约水产养殖业发展的主要因素之一。鱼类发病的原因多种多样，找到发病原因是正确诊断鱼病的关键。鱼病发生的原因主要有以下几个方面。

1. 外界环境因素

首先，鱼病发生与池塘清塘消毒是否彻底有直接关系。其次，鱼病发生与水体环境因素，主要有水温、溶解氧含量、pH 值等有关。当 pH 值＜5 或＞9 时，就容易引发鱼病。在夏秋季节，天气闷热且池水中溶解氧含量＜2 mg/L 时，鱼类生长和摄食遭到严重抑制，发病率增高。水体中重金属离子浓度过高会发生弯体病。当水温突然变化，鱼苗在温差超过 2 ℃、鱼种在温差超过 4 ℃时，会引起发病。因此，在放养鱼苗、鱼种时必须加以注意。

2. 生物因素

生物因素包括寄生性和非寄生性。寄生性生物因素有微生物（如病毒、细菌、真菌、藻类等）和寄生虫（如原虫、蠕虫、甲壳类等）。当鱼体体表或体内寄生了上述病原体并达到一定数量时，鱼就开始发病，甚至死亡。因此对鱼病一定要做到以防为主，早发现、早治疗。非寄生性生物因素有动物和植物。动物如水鸟、水蛇、水生昆虫、青蛙等，植物如水网藻等，都会引起鱼类发病。

3. 人为因素

人为因素主要是放养密度过高或混养比例不合理。放养密度过高会使水体耗氧量大，影响鱼类生长，引起发病。在饲养管理上，饵料不适宜、不新鲜，不按"四定"原则投饵也是鱼病发生的原因。如一次投喂过多，鱼类因摄食过多而消化不良，引起发病。另外，拉网、运输过程中，操作不当会造成鱼体机械损伤，引起组织发炎，引发霉菌感染。

4. 内在因素

鱼类发病除受外界条件影响外，更重要的是受鱼类自身对疾病的抵抗力影响，同时还与鱼类自身特性有关。不同种类的鱼对某种病原体的敏感度不一样，同种鱼类在不同生长阶段的发病情况也不完全相同。

二、常见鱼类诊断方法

鱼类病害的有效防治方法越来越受到水产从业者的广泛关注。鱼病的诊断是病害防治的基础，早期诊断更为重要。能否对症下药、能否使药物发挥效果、能否有效控制疾病的传播，都取决于鱼病的诊断。鱼病的常规诊断程序如下。

（一）现场调查

首先应对养殖鱼类发病现场展开调查，包括以下几个方面：①养殖的品种结构、苗种来源、规格大小、健康状况和放养密度等；②池塘清塘消毒及日常防病措施、使用的药物和使用方法等；③投喂饵料的种类、来源、投喂方法、投饵量等；④养殖过程中的卫生与健康管理措施；⑤池塘水源、水质、水温、底质等情况；⑥发病和未发病养殖池中鱼的活动情况，如游动、摄食等；⑦发病过程及采取的措施，包括发病时间、患病种类、病症、死亡情况、采取的措施与效果等；⑧发病池塘的面积、底质、水深、水色、透明度等。

（二）现场采样

现场采样包括病鱼采样和水质采样。病鱼采样应选择患病濒死或刚死不久、症状典型的病鱼作为诊断检查的对象。水质采样应在多个采样点取发病鱼池水样（水面下 50~80 cm 处），立即送专业实验室分析。

（三）病原鉴别

1. 肉眼检查

一是观察鱼体的体型是瘦弱还是肥硕，体型瘦弱往往与慢性疾病有关，而体型肥硕的鱼体大多患的是急性疾病。二是观察鱼体的体色，注意体表黏液是否过多，鳞片是否完整，机体有无充血、发炎、脓肿和溃疡等现象出现，眼球是否突出，鳍条是否出现蛀蚀，肛门是否红肿外突，体表是否有水霉或者大型寄生物等。三是观察鳃部，注意观察鳃部的颜色是否正常，黏液是否增多，鳃丝是否出现缺损或腐烂等。四是解剖鱼体，剪去鱼体一侧的腹壁，检查肝胰脏有无瘀血，消化道内有无饵料，肾脏的颜色是否正常，鳔壁上有无充血发红，腹腔内有无腹水等。

2. 显微镜检查

用解剖刀和镊子刮取皮肤、鳍、鳃等外部器官的黏液，或用手术剪取一部分患病组织如鳃丝、鳍条等，置于载玻片上制成水浸压片，用显微镜检查有无真菌或寄生虫。

3. 病理切片检查

取一小块患病组织或器官，经固定、脱水、包埋等程序处理后，将样品切片，再用相应的染色方法染色，以显示不同细胞的变化，然后在专业实验室内进行光学或电子显微镜检查。

4. PCR 仪检测

PCR 仪检测技术已被世界动物卫生组织推荐为部分鱼病的诊断方法之一，其主要原理是通过设计特异引物来扩增病原生物的特异基因片段而实现病原生物的确认和疾病的诊断。

5. 免疫学技术检测

免疫学技术检测包括血清中和试验、免疫荧光、酶联免疫检测等。

6. 药敏试验检测

对可能由细菌引起的疾病，可通过病原分离、培养、鉴定、人工感染等试验后，再进行相应的药敏试验检测。

三、乌原鲤常见病害与防治方法

乌原鲤苗种培育及成鱼养殖的病害防治要遵循"以防为主，防治结合"的原则。一是下塘前需干塘暴晒，用生石灰彻底消毒；二是养殖过程中要保持水质清新，分期注水，定期使用生物制剂（如 EM 菌）改善水质，降低发病率及死亡率；三是苗种培育达到一定规格时要及时分塘，避免养殖密度过大；四是坚持"四定"原则投喂饵料，定期清洗消毒饵料台。对乌原鲤人工养殖常见病害介绍如下。

（一）烂尾病

常发生于苗种培育阶段，病鱼离群独游，发病初期尾柄发白，随后尾鳍被侵蚀导致残缺不齐。随着病程发展，尾柄充血发红，皮肤肌肉溃烂，严重时骨骼外露甚至断尾。病原菌为嗜水气单胞菌。在水质差的池塘中或放养密度过大时鱼类易患此病，流行于 4~6 月。防治措施：控制养殖密度，改善水质环境，避免细菌大量繁衍；外用稳定性二氧化氯片剂均匀洒入池中，用量为 0.3 g/m³，连用 2 d；同时每 10 kg 饵料拌恩诺沙星 4 g 和大蒜素 10 g 制成药饵，投喂 5~7 d 为一个疗程。

（二）水霉病

鱼体受伤后水霉菌侵入鱼体表可能引发水霉病，严重时体表形成灰白色棉絮状覆盖物。在 2~4 月水温较低时易发此病。防治措施：加强饲养管理，避免鱼体受伤，升高养殖水温；用上海海洋大学研发的美婷全池泼洒，用量为 $0.23\ g/m^3$。

（三）车轮虫病

患车轮虫病的病鱼无食欲，在水面快速游动，出现"白头白嘴"症状。车轮虫寄生在鱼体表和鳃部，显微镜检查可见虫体。此病常流行于 4~7 月。防治措施：控制养殖密度，改善养殖环境；将苦楝树枝叶扎捆置于池塘四周及饵料台附近浸泡，水深 1 m 的池塘用量为 30 kg/ 亩；用草本驱虫素（主要成分为苦楝素、曼尼希碱提取液）按 $0.4\ g/m^3$ 全池泼洒，隔日再泼洒 1 次。

（四）小瓜虫病

小瓜虫病病原体为多子小瓜虫，寄生在鱼体表和鳃部。病鱼体表肉眼可见 1 mm 左右的白点状胞囊，故此病又称白点病。多子小瓜虫严重寄生时，病鱼鳍条、鳃丝腐烂，体表覆盖一层白色的包膜。此病可导致鱼类大量死亡，是对乌原鲤苗种培育危害最大的寄生虫病。防治措施：定期消毒用具，加强水质管理，保持养殖水体透明度 30~35 cm，若养殖水质过于清瘦则更容易引发此病；用干辣椒煮水，全池泼洒 3 d，水深 1 m 的池塘用量为 300 g/ 亩；每 1 kg 饵料拌青蒿末 20 g 制成药饵，连续投喂 7 d。

（五）锚头鳋病

锚头鳋以其头胸部钻入鱼类鳞片下。被感染的鱼鳞片被锚头鳋的分泌物蛀成缺口，周围组织红肿发炎，外挂的虫体常附着许多藻类等生物，看上去呈棉絮状。乌原鲤的鳞片比较疏松，极易被锚头鳋寄生。锚头鳋对夏花危害最大，对鱼体的丰满度及亲鱼的性腺发育也有较大影响。防治措施：清塘消毒要彻底，养殖过程中水质不可过于清瘦；全池遍洒晶体敌百虫溶液，使池水中敌百虫浓度为 0.4 mg/L，可杀灭锚头鳋幼体。是否需用药和用药次数，可根据锚头鳋成虫的形态而定，若多为"童虫"，可在半个月内连洒药 2 次；如果多为"壮虫"，施药 1 次即可；如果多为"老虫"，则可以不施药。

（六）肝胆综合征

鱼类肝胆综合征最明显的特征是肝胆肿大、变色，出现黄白红相间的"花肝"，肠内无食或少食，有时胆汁外渗，颜色深绿或墨绿，脾胃也出现肿大；体表明显的特征为尾鳍末端呈白色裙边（带状横向白线），并常伴有肠炎、烂鳃、赤皮等细菌性疾病，因此容易误诊，给养殖户造成很大的损失。检查肝胆病变时，若肝胆肿大且变色明显、有点状或块状出血或瘀血、肝脏轻触易碎，即可初步确定为肝胆综合征。此外，养殖鱼类鳞片松动竖立、捕捞时不耐拉网、对温度变化敏感、抵抗力下降，都可能是肝胆功能与代谢异常的表现。

四、常用鱼药对乌原鲤鱼种的毒性作用

通过研究敌百虫、聚维酮碘、溴氯海因这 3 种常用渔药对乌原鲤的急性毒性，以及对其鳃、肝脏、肠道组织的影响，探讨这 3 种药物对乌原鲤的毒害机制，以期为乌原鲤大规模繁育过程中病害的防治及提高存活率的方法提供参考。

（一）材料与方法

实验鱼为广西水产科学研究院人工繁育的 4 月龄鱼种，平均体长为（5.39 ± 0.27）cm，平均体重为（3.93 ± 0.53）g。选用体质健康、规格相似的鱼种进行实验。实验开始前先将鱼种放于塑料桶中暂养 2 d。实验用水为经过充分曝气的自来水，水温（27.75 ± 0.29）℃（在乌原鲤鱼种培育过程中年水温跨度为 10~35 ℃，不会造成鱼种死亡），溶解氧含量不低于 6 mg/L。实验所用容器为经过消毒的 50 L 储物箱。

采用静态急性毒性实验法。先参照药品使用说明进行预实验，确定用药浓度范围并据此按照等对数间距设置 5 个浓度梯度，药品详情与各组浓度见表 4-1。在室内进行实验，每个储物箱加入 30 L 经曝气的自来水，加入药液后随机放入 10 尾规格均匀的健康鱼种，不间断充气增氧，保证整个实验过程中的溶解氧含量适宜，同时为了避免惊扰，实验室尽量保持安静。每组浓度设置 2 个平行样，同时设置空白对照组。分别记录 6 h、24 h、48 h、72 h、

96 h的鱼种死亡数量，及时将死鱼捞出（以触碰无反应、鳃盖静止为判定死亡标准）。

为了更好地观察到3种药物对乌原鲤鱼种鳃、肝脏、肠道组织的影响，选用96 h仍存活，但是中毒症状明显的个体，每组选择2尾取鳃、肝脏、肠道组织，经4%多聚甲醛固定，固定状态良好后，进行修剪、脱水、包埋、切片、染色、封片。采用尼康正置白光拍照显微镜观察不同组织的结构变化，进行拍照。

表4-1　3种药物对乌原鲤鱼种的致死率

药物名称	浓度 / (mg·L^{-1})	累积死亡率 /%				
		6 h	24 h	48 h	72 h	96 h
溴氯海因	0.30	0	0	0	0	0
	0.38	0	0	30	40	65
	0.49	0	15	60	75	85
	0.63	0	35	85	100	100
	0.80	0	35	85	100	100
敌百虫	1.00	0	0	0	0	35
	2.11	0	0	40	60	100
	4.47	0	0	40	75	100
	9.46	0	0	40	100	100
	20.00	0	0	45	100	100
聚维酮碘	50.00	0	0	0	0	0
	57.91	0	20	35	60	75
	67.08	30	75	85	85	100
	77.70	55	95	100	100	100
	90.00	55	100	100	100	100

（二）药物对乌原鲤鱼种的半致死浓度和安全浓度

整个实验过程中，空白对照组乌原鲤鱼种无死亡现象。3种药物实验组乌原鲤鱼种的活动情况有差异。溴氯海因实验组中，鱼种应激反应强烈，部分蹿出水面，部分沉于水底，有外界干扰时激烈撞击桶壁，随着时间延长侧躺抽搐，肚皮上翻，最后沉于水底死亡。敌百虫浓度较高的实验组中鱼种不安游动，部分蹿出水面，随着时间延长部分身体弯曲，行动迟缓，触碰无明显反应，死亡鱼种体色发白，体表有黏液。聚维酮碘实验组中，鱼种在水面快速窜动，对外界刺激无明显反应，然后肚皮上翻，沉到水底偶尔上蹿，鳃呼吸行为先加快后变慢最后死亡。

各实验组死亡率均呈现出随着浓度的增加和作用时间的延长而上升的趋势。综合考虑低浓度与较短的作用时间，判断3种药物下鱼种死亡率接近50%与100%时的浓度发现：溴氯海因浓度为0.49 mg/L时，48 h死亡率达60%，浓度为0.63 mg/L时，72 h死亡率达100%。敌百虫浓度为2.11 mg/L时，48 h死亡率达40%，浓度为9.46 mg/L时，72 h死亡率达100%。聚维酮碘浓度为67.08 mg/L时，24 h死亡率达75%，浓度为77.70 mg/L时，48 h死亡率达100%。

不同药物对乌原鲤鱼种6 h、24 h、48 h、72 h、96 h半致死浓度（LC$_{50}$）及安全浓度（SC）见表4-2。各个时间节点，半致死浓度从高到低均为聚维酮碘、敌百虫、溴氯海因，它们对乌原鲤鱼种96 h的半致死浓度分别为49.63 mg/L、4.64 mg/L、0.14 mg/L。根据安全浓度判断乌原鲤鱼种对这3种药物敏感度最高为溴氯海因，其次是敌百虫，对聚维酮碘的敏感度最低。参考化学品对鱼类急性毒性等级评价标准，以安全浓度为基础将药物毒性分为4个等级，低毒（安全浓度 >10 mg/L）、中毒（安全浓度 1~10 mg/L）、高毒（安全浓度 0.1~1 mg/L）、剧毒（安全浓度 <0.1 mg/L）。在本实验中，溴氯海因属剧毒药物，敌百虫属高毒药物，聚维酮碘属中毒药物。

表4-2　3种药物对乌原鲤鱼种的半致死浓度和安全浓度

药物名称	半致死浓度 / （mg · L^{-1}）					安全浓度 / （mg · L^{-1}）
	6 h	24 h	48 h	72 h	96 h	
溴氯海因	0.34	0.24	0.18	0.14	0.14	0.03
敌百虫	22.38	8.77	5.81	4.82	4.64	0.77
聚维酮碘	96.86	73.26	55.82	50.00	49.63	9.72

（三）药物作用对乌原鲤鱼种鳃、肝脏、肠道组织的影响

1.鳃组织观察

空白对照组（图4-1a）中鳃丝排列整齐，鳃丝两侧可见分布均匀的鳃小

片（SL），鳃小片表面覆盖一层扁平上皮，中央为毛细血管，充满红细胞；鳃的结缔组织和软骨支架中可见一定数量的淋巴细胞（L）。与空白对照组相比，敌百虫实验组（图 4-1b）的鳃组织中度损伤；鳃丝结构尚完整，鳃小片中央毛细血管红细胞消失，部分鳃小片上皮细胞脱落、缺失；间质水肿，结构疏松，有少量炎性细胞浸润（ICI）。聚维酮碘实验组（图 4-1c）的鳃组织中重度损伤；鳃丝结构尚完整，大量鳃小片结构消失，中央毛细血管萎缩，部分鳃小片上皮细胞脱落；间质水肿，结构疏松，有大量炎性细胞浸润。溴氯海因实验组（图 4-1d）的鳃组织严重损伤；局部鳃丝断裂（GFF），结构溶解；大量鳃小片细胞坏死，细胞核固缩、碎裂、消失，中央毛细血管红细胞消失，有较多炎性细胞浸润。整体而言，3 种药物对鳃组织的破坏性由强到弱依次为溴氯海因、聚维酮碘、敌百虫。

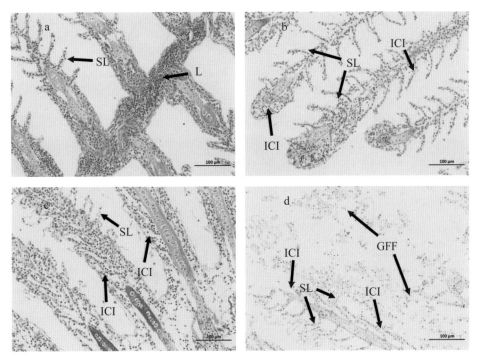

a 为空白对照组，b 为敌百虫实验组，c 为聚维酮碘实验组，d 为溴氯海因实验组，SL 为鳃小片，L 为淋巴细胞，ICI 为炎性细胞浸润，GFF 为鳃丝断裂。

图 4-1　3 种药物对乌原鲤鱼种鳃组织的影响

2.肝脏组织观察

各组均可看到广泛的肝细胞空泡变性（HPV），胞体肿胀、变大，胞质空泡化，可能与糖原溶解有关。与空白对照组（图 4-2a）相比，敌百虫实验组（图 4-2b）大量的肝细胞脂肪变性（FD），胞质中可见以小泡为主的圆形空泡；局部肝实质可见较多的淋巴细胞浸润（LI）；静脉可见瘀血（PC）。聚维酮碘实验组（图 4-2c）未见明显的肝实质损伤，未见明显的炎性细胞浸润，静脉可见瘀血。溴氯海因实验组（图 4-2d）与空白对照组相比并无区别。综上所述，3 种药物对鱼种肝脏组织损伤程度由高到低依次为敌百虫、聚维酮碘，溴氯海因未见对肝脏组织造成损伤。

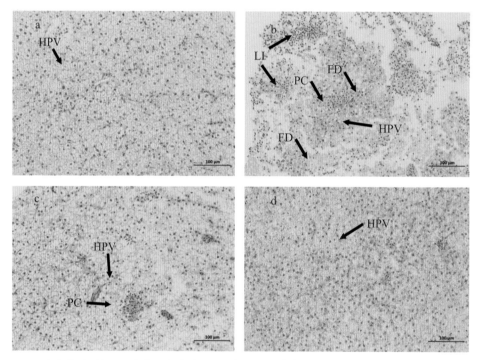

a 为空白对照组，b 为敌百虫实验组，c 为聚维酮碘实验组，d 为溴氯海因实验组，HPV为肝细胞空泡变性，LI 为淋巴细胞浸润，FD 为脂肪变性，PC 为静脉瘀血。

图 4-2　3 种药物对乌原鲤鱼种肝脏组织的影响

3.肠道组织观察

空白对照组（图 4-3a）肠道组织各层结构清晰；肠绒毛（IV）数量丰富，较发达，分布均匀，黏膜上皮完整，上皮细胞排列紧密，未见明显变性、坏死和脱落；固有层为疏松结缔组织，厚薄均匀，固有层和黏膜上皮细胞内可见一定数量的淋巴细胞（L）；肌层为内环肌（IM）和外纵肌，排列整齐。与空白对照组相比，敌百虫实验组（图4-3b）肠道组织严重损伤；黏膜上皮细胞（E）广泛脱落于肠腔中，固有层裸露，残留的结缔组织（C）中心呈倒伏状，相互融合，结构紊乱；内环肌（IM）水肿，结构疏松，外纵肌（LM）坏死，平滑肌数量减少，细胞核固缩、消失、间隔变大。聚维酮碘实验组（图4-3c）肠道组织中度损伤；肠绒毛变短，较多黏膜溶解，上皮细胞结构消失；肌层未见明显异常。溴氯海因实验组（图4-3d）肠道组织中度损伤；肠腔变小，组织肠绒毛明显减少，残留的个别肠绒毛长短不一，分布不均；固有层（LP）增厚、水肿、结构疏松，炎性细胞（I）变多；肌层（ML）变薄，结构疏松。总体而言，敌百虫对肠道组织损伤最为严重，其次为溴氯海因，最轻为聚维酮碘。

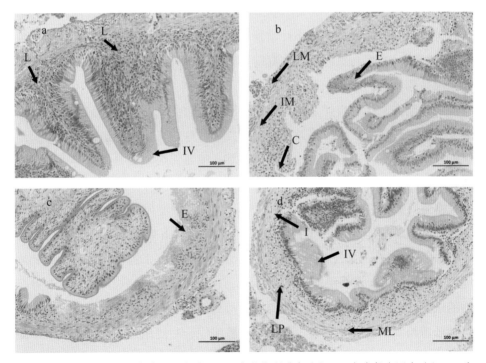

　　a为空白对照组，b为敌百虫实验组，c为聚维酮碘实验组，d为溴氯海因实验组，L为淋巴细胞，IV为肠绒毛，E为上皮细胞，C为结缔组织，IM为内环肌，LM为外纵肌，LP为固有层，I为炎性细胞，ML为肌层。

图4-3　3种药物对乌原鲤鱼种肠道组织的影响

4.3 种药物对乌原鲤鱼种的毒性评价

本实验安全浓度结果表明，3 种药物对乌原鲤鱼种的毒性由强到弱依次为溴氯海因、敌百虫、聚维酮碘。其中，溴氯海因为剧毒，敌百虫为高毒，聚维酮碘为中毒。同时，这 3 种药物在不同作用时间下对乌原鲤鱼种的半致死浓度由高到低均为 6 h、24 h、48 h、72 h、96 h，表明药物对实验鱼具有毒性累积效应。乌原鲤对溴氯海因非常敏感，对敌百虫和聚维酮碘的耐受性较强。因此在养殖过程中，优先选用聚维酮碘，尽量避免使用溴氯海因，如非用不可，一定要先确定在安全浓度内再使用。

本实验中，发现敌百虫对乌原鲤鱼种肝脏组织损伤较大，大量的肝细胞脂肪变性，静脉瘀血，与前人研究结果相似。此外，敌百虫对乌原鲤鳃组织损伤较轻，鳃丝结构尚完整，仅有部分的鳃小片上皮细胞脱落、缺失，并伴随轻微炎症出现。

此外，乌原鲤鱼种受到聚维酮碘胁迫的浓度远高于 5 mg/L，鳃丝结构虽然尚保持完整，但大量的鳃小片结构消失，部分鳃小片上皮脱落，大量的炎性细胞发生，表明乌原鲤鱼种鳃部受到聚维酮碘毒性影响严重。而溴氯海因会造成乌原鲤鱼种鳃组织严重损伤，细胞核固缩、碎裂、消失，中央毛细血管红细胞消失，伴随炎症发生。溴氯海因对肠道组织造成中度损伤，肠绒毛减少，固有层增厚、水肿等并伴随炎症发生，这应该是因为鳃组织与肠道组织能直接与溴氯海因接触，细胞膜被破坏。溴氯海因主要是通过严重损伤鳃组织导致乌原鲤鱼种呼吸受限造成死亡。

溴氯海因胁迫下，乌原鲤鱼种的 96 h 半致死浓度为 0.14 mg/L，安全浓度为 0.03 mg/L，属剧毒药品；敌百虫胁迫下，鱼种的 96 h 半致死浓度为 4.64 mg/L，安全浓度为 0.77 mg/L，属高毒药品；聚维酮碘胁迫下，鱼种的 96 h 半致死浓度为 49.63 mg/L，安全浓度为 9.72 mg/L，属中毒药品。乌原鲤鱼种对 3 种药物的敏感性由强到弱依次为溴氯海因、敌百虫、聚维酮碘。敌百虫对乌原鲤鱼种肠道组织损伤最为严重，其次为肝脏组织，对鳃组织损伤最轻。聚维酮碘与溴氯海因类似，主要作用于鳃组织，其次为肠道组织，最后为肝脏组织。因此，生产上尽量避免使用高浓度溴氯海因，聚维酮碘可以通过低浓度的连续叠加作用达到高浓度的效果。

第五章　乌原鲤增殖放流

第一节　我国渔业资源增殖放流

一、增殖放流概述

水生生物增殖放流，是指利用水生生物繁育特性，通过放流、底播、移植等方式向海洋、江河、湖泊、水库等水域投放亲体、苗种等活体水生生物的活动。通过主动向水域投放或移入水生生物资源，增加生物种群数量和资源量，以恢复或增加水域的生物自然种群的数量，改善和优化水域的生物群落结构，是国内外通行的养护水生生物资源、修复水域生态的重要措施和促进渔民增收渔业增效的有效措施。增殖放流已成为渔业部门实施渔业生态环境修复的重要举措之一。我国近年来增殖放流工作的开展取得了一定的生态效益、经济效益和社会效益，在渔业环境压力日渐增大、渔业资源日益枯竭的大形势下，鱼类增殖放流对促进增殖水域渔业经济和渔业生态健康可持续发展的意义日益凸显。

广义的渔业资源增殖放流还应当包括为改善水域的生态环境，向特定水域投放某些装置（如附卵器、人工渔礁等）及野生种群繁殖保护等间接增加水域种群资源量的措施。增殖在国外解释为两层含义，一是 Stock enhancement，指通过不断地人工放流鱼种缓冲群体的自然的波动，使资源量维持在一个稳定的水平。二是 Restocking，主要起种群资源修复作用。当某一资源长期处于低补充量且亲体数量远低于生物学安全警戒线时，资源修复就相当紧迫，Restocking 不仅要增加资源补充量，也要加大产卵亲体量的投放。苗种培育和放流，可以在人工培育的条件下避开种群早期生活阶段的"危险期"，提高苗种存活率。从渔业发展角度看，资源增殖比人工养殖更具前景。它可避免养殖业中空间不足、密度高、污染、病害等不利因素，且具有投资风险小、收益大等优点，符合渔业可持续发展的长期目标。

水产资源增殖的历史悠久，可追溯至古罗马时代。渔业增殖放流活动始于 19 世纪中叶，从亚洲移植鲤鱼至欧洲、大洋洲和北美洲，用于增加内陆江河与湖泊因各种原因遭受破坏或衰竭的水产资源。19 世纪中期，美国人首先建立了鱼类孵化场，对加拿大红点鲑进行了移植孵化试验。此后，挪威、英国、丹麦和芬兰等国先后开展鳕鱼和鲆鲽类的资源增殖工作。

我国内陆水域有悠久的苗种增殖放流历史。早在 10 世纪末就有从长江捕捞青鱼、草鱼、鲢鱼、鳙鱼四大家鱼的野生苗种放流到湖泊生长的文字记载。但真正的渔业资源增殖应当始于 20 世纪 50 年代，即在四大家鱼人工繁殖取得成功，有可能为增殖放流提供大量苗种的基础上蓬勃发展起来。在湖泊和水库中先后增殖放流和移植的种类有青鱼、草鱼、鲢鱼、鳙鱼、鲤鱼、鲂鱼、鳊鱼、鲑鱼、鲖鱼、鳗鱼等大型鱼类。20 世纪 50 年代末开始进行的湖泊鱼类苗种生产性放流，通常是多品种按比例混放的，一般来说青鱼、草鱼占 20%，鲤鱼、鲂鱼、鳊鱼占 30%，鲢鱼、鳙鱼占 50%。其中鲤鱼的回捕率为 15% 左右，草鱼的回捕率为 28%，鲢鱼、鳙鱼的回捕率为 26%~30%。放流群体的产量已经成为许多大中型湖泊和水库渔业产量的主体。

虽然我国开展现代渔业人工增殖放流相比欧美国家较晚，但发展迅速。比较典型的例子有 20 世纪 60 年代中期开始的中华绒螯蟹增殖放流，20 世纪 80 年代开始的中华鲟人工放流，以及黑龙江的鲟鳇人工放流。另外，我国近海的鱼类增殖放流也有许多成功的例子。近年来，我国加大了对内陆水域渔业增殖放流的投资力度和科研力量。内陆大多省份的湖泊、水库、河流的渔业增殖放流工作一直持续开展，一系列的研究工作也不断取得成果，为我国渔业生态环境及渔业资源养护做出了巨大贡献。

近年来，我国高度重视水生生物增殖放流。开展水生生物增殖放流，一是可以促进渔业种群资源恢复，促进濒危物种与生物多样性保护。生物多样性保护是生态环境修复的关键，因为生物多样性决定生态系统的稳定性和抗干扰能力。一个多样性高的生态系统，当环境因素导致个别物种的消减或剧增时，与其存在捕食或竞争关系的物种会相应增加或减少以限制这个物种数量的剧变，保持原有的生态结构。二是提高渔业经济效益和增加渔民收入，维持渔业可持续发展。通过水生生物增殖放流，补充天然资源，扩大生物种群，利用水域初级生产力及鱼类"三场"等水域条件，达到自然增殖、增加和补充渔业资源的目的，有效保障水域渔业可持续健康发展，增加渔民收入。三是保障国家食品安全，提高人民健康水平。改革开放以来，我国渔业快速发展，提供了近 1/3 的国民动物蛋白消费量，成为国家食品安全的重要组成部分。开展渔业资源增殖放流，促进水产养殖业发展，有利于优化农业产业结构，保障国家食品安全和提高人民健康水平。四是改善水域生态环境。增殖放流对净化水质和改善生态环境作用明显。根据生物操纵的核心理论，对江河或湖泊污染和富营养化的治理应采取以生物治理为主的综合措施。增殖放流滤食性鱼类，不仅能有效改良水质，还可以提高水体鱼产量。增殖放流的幼鱼和贝类，不是靠投放饵料而是利用水域的天然饵料生长，而这种天然饵料是以含有氮、磷的营养盐为物质基础的，从而减少了水域中氮、磷的含量，改善水域环境。捕捞放流生物可从水域中摄取氮、磷等，起到净化水体的作用。五是可以增强社会各界的资源环境保护意识。增殖放流工作逐渐得到各级政府的高度重视和社会各界的广泛关注与参与。全国各地举办的增殖放流活动，营造了增殖水生生物资源、改善水域生态环境、建设水域生态文明的良好氛围。六是履行相关国际义务，树立良好的国际形象。近年来，资源环境保护日益成为国际社会普遍关注的重大议题。我国已经加入《生物多样性公约》《濒危野生动植物种国际贸易公约》等国际公约，就必须履行公约规定的国际义务，树立良好的国际形象。同时，增殖放流等生物多样性保护工作，也是贯彻落实《中国水生生物资源养护行动纲要》内容目标的重大举措之一。

据统计，"十二五"期间，我国各级渔业主管部门以贯彻落实《中国水生生物资源养护行动纲要》为契机，不断加大水生生物增殖放流工作力度，截至 2015 年底，全国累计投入资金近 50 亿元，放流各类水生生物苗种量超过 1600 亿。其中，2015 年全国增殖放流水生生物苗种 353.7 亿单位，放流种类近 200 种，超额完成了《全国水生生物增殖放流总体规划（2011—2015 年）》制定的年度目标。"十三五"期间，全国水生生物增殖放流工作深入持续开展，放流规模和社会影响不断扩大，累计放流各类水生生物 1900 多亿尾。预计到 2025 年，逐步构建"区域特色鲜明、目标定位清晰、布局科学合理、管理规范有序"的增殖放流苗种供应体系。我国水生生物增殖放流已产生了良好的生态效益、经济效益和社会效益。增殖放流工作的开展，不仅促进了渔业种群资源恢复，改善了水域生态环境，提高了渔业效益和渔民收入，还增强了社会各界的资源环境保护意识，形成了养护水生生物资源和保护水域生态环境的良好局面。

二、我国增殖放流相关管理措施及规范性、指导性文件

近 10 年，我国水生生物增殖放流工作和成绩均上升到新高度。在中央财政的大力支持和社会各界的广泛参与下，全国水生生物增殖放流事业快速发展，产生了良好的生态效益、经济效益和社会效益。但随着增殖放流规模的不断扩大，增殖放流工作也出现了一些新问题，尤其是在增殖放流苗种质量方面，一些苗种生产单位的条件较差，苗种质量得不到有效保障。此外，还有苗种供应单位资质条件参差不齐和放流苗种种质不纯、存在质量安全隐患等问题，影响了增殖放流的整体效果，甚至对水域生物多样性和生态安全构成威胁。

为强化水生生物增殖放流源头管理，提高增殖放流苗种质量，保障水域生态安全和中央财政资金使用效益，科学指导和规范水生生物增殖放流活动，推进增殖放流工作科学有序开展，科学养护和合理利用水生生物资源，维护生物多样性和水域生态安全，促进渔业可持续健康发展，我国陆续出台完善增殖放流相关管理规定和增殖放流总体规划，为增殖放流指明了目标方向，使增殖放流逐渐规范化和标准化，避免因增殖放流而产生不良影响。国家及相关管理部门陆续出台了一系列通知、规定、规范、规程，对增殖放流各相关方面做出了指导性、指令性或约束性规定。各级渔业主管部门要建立健全增殖放流方案申报审查制度、生态安全风险评估制度、水生生物招标采购制度、水生生物检验检疫制度、放流公证或公示制度、放流过程执法监管制度、放流效果评估制度，确保增殖放流事前、事中和事后过程监管全覆盖。

近年来，由于环境污染、水利建设、围湖造田及过度捕捞等，我国渔业资源处于严重衰退状态，严重影响到渔业经济的可持续发展。因此，各地组织开展了一些渔业资源增殖放流活动，对扩大天然水域鱼类种群规模，增殖渔业资源，保护水生生物多样性，维护生态平衡起到了重要作用，取得了良好的生态效益、经济效益和社会效益。但放流数量与资源增殖的需要还有很大差距，还有一些地方从未开展过增殖放流活动。同时，由于缺乏统一规范和科学指导，个别地方存在无序放流、放流品种种质不纯等问题，影响了放流效果。为科学指导和规范渔业资源增殖放流活动，保证生态安全，促进渔业可持续发展，2003 年 4 月 3 日，农业部印发了《农业部关于加强渔业资源

增殖放流工作的通知》（农渔发〔2003〕6号）。要求各级渔业行政主管部门加强领导，将渔业资源增殖放流作为保护渔业资源、增加渔民收入、促进渔业可持续发展的重要措施。各地要将渔业资源增殖放流工作纳入政府生态环境建设计划，采取有效措施，统筹安排，使渔业资源增殖放流成为一项常规性工作。各地要加大渔业资源增殖放流资金投入，将经费计划纳入同级人民政府财政预算。渔业资源保护费和资源损失补偿费要有一定比例用于渔业资源增殖放流工作。各级渔业行政主管部门应建立渔业资源增殖放流科学管理制度。有关科研、监测、教育单位要加强渔业资源增殖放流技术研究，为增殖放流提供科学依据和技术指导。渔业资源增殖放流苗种由省级以上渔业行政主管部门批准的水生野生动物驯养繁殖基地、原良种场和增殖站提供。要积极组织有关部门和单位参与增殖放流活动，加大宣传力度，加强社会监督，提高全社会保护资源环境意识，营造保护渔业资源和生态环境的良好氛围。

养护和合理利用水生生物资源对促进渔业可持续发展、维护国家生态安全具有重要意义。为全面贯彻落实科学发展观，切实加强国家生态建设，依法保护和合理利用水生生物资源，实施可持续发展战略，根据新阶段、新时期和市场经济条件下水生生物资源养护管理工作的要求，2006年2月14日，国务院印发了《中国水生生物资源养护行动纲要》（国发〔2006〕9号），分析了我国水生生物资源养护现状及存在问题，确定了水生生物资源养护的指导思想、基本原则和奋斗目标，提出了渔业资源保护与增殖行动、生物多样性与濒危物种保护行动、水域生态保护与修复行动三大行动，以及保障措施等。渔业资源保护与增殖行动包括重点渔业资源保护、渔业资源增殖、责任捕捞管理三项措施。

2008年10月召开的党的十七届三中全会明确要求，加强水生生物资源养护，加大增殖放流力度。2009年中央一号文件《中共中央　国务院关于2009年促进农业稳定发展农民持续增收的若干意见》，对实行休渔、禁渔制度，强化增殖放流等水生生物资源养护措施作了重要部署。2022年2月22日发布的2022年中央一号文件《中共中央　国务院关于做好2022年全面推进乡村振兴重点工作的意见》中，聚焦产业促进乡村发展部分的推进农业农村绿色发展部分明确指出要强化水生生物养护，规范增殖放流。

为规范水生生物增殖放流活动，科学养护水生生物资源，维护生物多样性和水域生态安全，促进渔业可持续健康发展，2009年3月24日，农业部印发了《水生生物增殖放流管理规定》，对增殖放流的组织、协调与监管、资金投入及使用、宣传教育、社会参与、规划制定及备案、放流物种来源及选择、检验检疫、增殖放流活动、放流方式及保护措施等方面做出规定。

为规范水产苗种药物残留检测的抽样准备、抽样、抽样记录、样品保存及运输、样品处理、样品检测，2009年4月23日，农业部发布了《水产苗种违禁药物抽检技术规范》（农业部1192号公告—1—2009）。

近年来水生生物增殖放流工作广泛开展，增殖放流规模不断扩大，在改善生态环境、增加可捕资源、促进渔业可持续发展方面发挥了重要作用。但在增殖放流工作中，也出现了个别苗种生产单位把关不严、部分放流苗种带有药物残留等有毒有害物质的现象，使后续产品质量安全存在隐患。为确保增殖放流经济水产苗种的质量，2009年7月16日，农业部印发了《农业部办公厅关于开展增殖放流经济水产苗种质量安全检验的通知》（农办渔〔2009〕52号），对经济水产苗种质量安全检验的检验对象、检验数量、检验指标、检验程序、检验结果运用等方面做出规定。

2010年12月19日，农业部印发了《全国水生生物增殖放流总体规划（2011—2015年）》（农渔发〔2010〕44号），就2011—2015年增殖放流的指导思想、目标任务、适宜物种及水域、区域布局等提出意见，是全国开展增殖放流工作和组织增殖放流活动的指导性规划，也作为农业部增殖放流项目管理的重要依据。

2010年12月23日，农业部发布了中华人民共和国水产行业标准《水生生物增殖放流技术规程》（SC/T 9401—2010）（农业部第1515号公告），规定了水生生物增殖放流的水域条件、本底调查，放流物种的质量、检验、包装、计数、运输、投放，放流资源保护与监测，效果评价等技术要求。

2011年3月17日，农业部印发了《农业部关于印发〈鱼类产地检疫规程（试行）〉等3个规程的通知》（农渔发〔2011〕6号），规定了我国鱼类、甲壳类、贝类产地检疫的检疫对象、检疫范围、检疫合格标准、检疫程序、检疫结果处理和检疫记录的工作程序和规范标准。

为强化水生生物增殖放流源头管理，提高增殖放流苗种质量，保障水域生态安全和中央财政资金使用效益，2014年10月8日，农业部办公厅印发了

《农业部办公厅关于进一步加强水生生物经济物种增殖放流苗种管理的通知》
（农办渔〔2014〕55号），就明确增殖放流苗种生产基本条件、加强增殖放流
苗种监管等方面做出要求。

为加强对增殖放流苗种供应单位的管理，提高增殖放流质量，保证增
殖放流效果，2015年7月21日，农业部办公厅印发了《农业部办公厅关
于2014年度中央财政经济物种增殖放流苗种供应有关情况的通报》（农办渔
〔2015〕52号），就2014年经济物种苗种供应单位基本情况、存在问题予以通
报，并提出下一步工作要求。

为做好"十三五"时期水生生物增殖放流工作，2016年4月20日，农业
部印发了《农业部关于做好"十三五"水生生物增殖放流工作的指导意见》（农
渔发〔2016〕11号），要求进一步提高对增殖放流工作重要性的认识，提出了
"十三五"时期增殖放流工作的指导思想和总体目标，明确了增殖放流物种选
择和区域布局等指导意见，推进扎实做好增殖放流各项工作。

为进一步规范宗教界水生生物放生（增殖放流）活动，2016年5月17日，
农业部办公厅及国家宗教事务局办公室印发了《农业部办公厅　国家宗教事
务局办公室关于进一步规范宗教界水生生物放生（增殖放流）活动的通知》（农
办渔〔2016〕33号），要求进一步增强法治意识，依法依规放生；进一步宣传
科学生态理念，科学合理放生；进一步规范放流行为，慈悲文明放生；加强放
生（增殖放流）知识培训等。

为保障增殖放流苗种质量安全，推进增殖放流工作科学有序开展，进一
步规范水生生物增殖放流工作，2017年7月11日，农业部办公厅印发了《农
业部办公厅关于进一步规范水生生物增殖放流工作的通知》（农办渔〔2017〕
49号），对各地渔业主管部门就健全增殖放流苗种供应单位的监管机制、加强
增殖放流苗种种质监管、强化增殖放流苗种质量监管、强化增殖放流苗种数
量监管等方面提出严格要求。

2020年8月26日，农业农村部发布了中华人民共和国水产行业标准《淡
水鱼类增殖放流效果评估技术规范》（SC/T 9438—2020）（农业农村部第329
号公告），规定了淡水鱼类增殖放流效果评估方案，经济效益评估、生态效益
评估和社会效益评估的数据采集和计算方法。

为做好"十四五"时期水生生物增殖放流工作，科学养护和合理利用水

生生物资源，加强水生生物多样性保护，提升水生生物资源养护管理水平，2022年1月27日，农业农村部印发了《农业农村部关于做好"十四五"水生生物增殖放流工作的指导意见》（农渔发〔2022〕1号），明确了"十四五"时期水生生物增殖放流工作的指导思想、主要原则和总体要求；要求加强统筹规划，科学确定增殖放流物种、合理规划增殖放流水域、严禁放流不符合生态要求的水生生物；要加快体系建设，加强增殖放流支撑保障，加快苗种供应体系建设，推进开展定点放流水生生物及完善增殖放流科技支撑体系建设；规范监管，确保增殖放流工作成效；要完善增殖放流管理制度，强化增殖放流监管，规范社会放流活动；广泛宣传交流，扩大增殖放流社会影响，积极开展增殖放流活动，创新增殖放流宣传形式，引导社会各界共同参与；强化组织领导，确保增殖放流任务落实，建立相应的工作领导机制，认真制订增殖放流实施方案，精心组织实施，确保增殖放流任务完成。该指导意见有4个附件，分别为"十四五"各省（自治区、直辖市）增殖放流指导性目标、增殖放流物种适宜性评价表、不同水域增殖放流适宜性评价表和常见水生生物外来种、杂交种和选育种名录。

为进一步加强水生生物资源养护与合理利用，保护生物多样性，推进生态文明建设，2022年11月20日，农业农村部发布了《农业农村部关于加强水生生物资源养护的指导意见》（农渔发〔2022〕23号），要求强化资源增殖养护措施，科学规范开展增殖放流。各地要加快推进水生生物增殖放流苗种供应基地建设，建立数量适宜、分布合理、管理规范、动态调整的增殖放流苗种供应体系。要严格规范社会公众放流行为，建设或确定一批社会放流平台或场所，引导开展定点放流。要定期开展增殖放流效果评估，进一步优化放流区域、种类、数量、规格，适当加大珍稀濒危物种放流数量。要加强增殖放流规范管理，强化涉渔工程生态补偿增殖放流项目的监督检查。禁止放流外来物种、杂交种及其他不符合生态安全要求的物种。

为规范我国增殖放流鱼类物理标记技术，2023年4月11日，农业农村部批准发布了中华人民共和国水产行业标准《放流鱼类物理标记技术规程》（SC/T 9443—2023）（农业农村部第664号公告）。该标准于2023年8月1日实施。

此外，为满足珍稀濒危水生动物增殖放流需要，进一步规范珍稀濒危水生动物增殖放流工作，确保放流苗种质量，中华人民共和国农业部公告第

1284 号、中华人民共和国农业部公告第 1502 号、中华人民共和国农业部公告第 1770 号、中华人民共和国农业部公告第 2504 号、中华人民共和国农业部公告第 2276 号、中华人民共和国农业农村部公告第 107 号分别公布了第一批至第六批珍稀濒危水生动物增殖放流苗种供应单位。中华人民共和国农业农村部公告第 477 号公布了第七批珍稀濒危水生动物增殖放流苗种供应单位。

2024 年 4 月 30 日，中华人民共和国农业农村部公告第 784 号公布：为进一步规范增殖放流活动，满足珍贵濒危水生动物的增殖放流需要，加强水生生物多样性保护，农业农村部组织对原有的 7 批珍贵濒危水生动物增殖放流苗种供应单位进行复审，对新申报的珍贵濒危水生动物增殖放流苗种供应单位进行评审，确定全国水产技术推广总站等 209 家单位为珍贵濒危水生动物增殖放流苗种供应单位。中华人民共和国农业部公告第 1284 号、第 1502 号、第 1770 号、第 2276 号和第 2504 号以及中华人民共和国农业农村部公告第 107 号和第 477 号相应废止。

第二节　乌原鲤增殖放流流程

近年来，在各级政府和有关部门的大力支持及全社会的共同参与下，我国水生生物增殖放流事业快速发展，放流规模和参与程度不断扩大，产生了良好的生态效益、经济效益和社会效益。但在增殖放流苗种监管方面也存在苗种供应单位资质条件参差不齐和放流苗种种质不纯、存在质量安全隐患等问题，影响了增殖放流的整体效果，甚至对水域生物多样性和生态安全构成威胁。为保障增殖放流苗种质量安全，推进增殖放流工作科学有序开展，各地各部门应严格按《中国水生生物资源养护行动纲要》《水生生物增殖放流管理规定》等有关要求，规范开展水生生物增殖放流工作。

我国增殖放流活动内容和其他工作包括项目下达或申请、增殖放流方案制订、报备与审批、苗种来源确定、增殖放流公示、苗种检验与检疫、苗种锻炼与野化驯化、苗种运输、增殖放流活动、现场验收、鱼苗投放、放流后管理、增殖放流效果评估等内容和程序。

根据规定，我国县级以上地方人民政府渔业行政主管部门负责本行政区域内水生生物增殖放流的组织、协调与监管。各级渔业主管部门要严格落实增殖放流方案申报审查制度、增殖放流生态安全风险评估制度、水产苗种招标采购制度、水产苗种检验检疫制度、放流公证公示制度、放流过程执法监管制度和放流效果评估制度，加强增殖放流事前、事中和事后的全过程监管。

一、增殖放流项目申请或任务来源

我国开展水生生物增殖放流的任务和资金来源有以下几种类别：中央财政经费下达的不同类别水生生物增殖放流任务、各级渔业主管部门下达的不同类别水生生物增殖放流任务、下级渔业主管部门向上级主管部门申请的增殖放流项目、各级科研机构向上级渔业主管部门或科研管理部门申请不同类别水生生物相关研究项目后获得的培育苗种或亲本开展的增殖放流、水利工程建设或其他类别生态补偿项目指定开展的水生生物增殖放流。此外，还有一些单位或个人申请开展的增殖放流活动。

我国县级以上地方人民政府渔业行政主管部门应当鼓励单位、个人及社会各界通过认购放流苗种、捐助资金、参加志愿者活动等多种途径和方式参与、开展水生生物增殖放流活动。对于贡献突出的单位和个人，应当采取适当方式给予宣传和鼓励。

渔业主管部门在组织实施好增殖放流财政项目的同时，应积极拓展个人捐助、企业投入、国际援助等多种资金渠道，健全水生生物资源生态补偿机制，统筹利用好生态补偿资金，建立健全政府投入为主、社会投入为辅、各界广泛参与的多元化投入机制。

二、增殖放流方案制订

增殖放流责任单位在接到下达任务或成功申请增殖放流任务后，应制订增殖放流实施方案并尽快按要求完成工作任务。

增殖放流实施方案一般包括：项目来源背景和方案制订依据，组织领导，放流苗种的品种、数量、规格，标志苗种规格和数量，放流时间和地点，任务承担单位，经费安排使用要求，放流苗种来源及质量，苗种生产单位，苗种投放方式，增殖放流公示，苗种验收，保障措施，联系方式等。

要强化增殖放流经费使用监管。加强增殖放流财政项目实施情况的监督检查，严格执行项目管理及政府采购等相关财务管理规章制度，对骗取、截留、挤占、滞留、挪用项目资金等行为，依照有关财务管理规定严肃追究有关单位及其责任人的责任。

因乌原鲤为国家二级重点保护野生动物，增殖放流苗种供应单位须在农业农村部公布的珍贵濒危水生动物增殖放流苗种供应单位中选择。

三、增殖放流申请报备与审批

我国由农业农村部主管全国水生生物增殖放流工作。县级以上地方人民政府渔业行政主管部门负责本行政区域内水生生物增殖放流活动的组织、协调与监管。

县级以上地方人民政府渔业行政主管部门应当制定本行政区域内的水生生物增殖放流规划，并报上一级渔业行政主管部门备案。

单位和个人自行开展规模性水生生物增殖放流活动的，应当提前15日向当地县级以上地方人民政府渔业行政主管部门报告增殖放流的种类、数量、规格、时间和地点等事项，接受监督检查。

要规范社会增殖放流水生生物来源，严禁从农贸市场、观赏鱼市场等渠道购买放流水生生物。单位和个人自行开展的规模性放流活动，水生生物原则上应来源于增殖放流苗种供应基地。要加强对社会放流活动的监管，对违反《中华人民共和国生物安全法》《中华人民共和国长江保护法》《中华人民共和国野生动物保护法》等相关规定擅自投放外来物种或其他非本地物种的行为，要依法责令限期捕回并予以相应罚款，预防和降低可能导致的不良生态影响。

经审查符合规定的增殖放流活动，县级以上地方人民政府渔业行政主管部门应当给予必要的支持和协助。应当报告并接受监督检查的增殖放流活动的规模标准，由县级以上地方人民政府渔业行政主管部门根据本地区水生生物增殖放流规划确定。

县级以上地方人民政府渔业行政主管部门应当将辖区内本年度水生生物增殖放流的种类、数量、规格、时间、地点、标志放流数量及方法、资金来源及数量、放流活动等情况统计汇总，于11月底前报上一级渔业行政主管部门备案。

四、增殖放流苗种来源确定

（一）苗种供应单位

增殖放流单位接到任务后，应当按照公开、公平、公正的原则，依法通过招标或议标的方式采购用于放流的水生生物或确定苗种生产单位。苗种供应单位招标应综合比较苗种生产单位资质、亲本情况、生产设施条件、技术保障能力等方面相关条件，支持省级渔业主管部门通过综合评价的方法统一招标确定经济物种苗种生产单位，建立定期定点供苗及常态化考核机制，保障放流苗种优质高效供应。加强中央财政增殖放流项目苗种供应单位资质审核，珍稀濒危物种苗种供应单位须在农业农村部公布的珍贵濒危水生动物增殖放流苗种供应单位中选择。

用于增殖放流的人工繁殖的水生生物，应当来自有资质的生产单位。其中，属于经济物种的，应当来自持有水产苗种生产许可证的苗种生产单位；属于珍稀濒危物种的，应当来自持有水生野生动物驯养繁殖许可证的苗种生产单位。珍稀濒危物种放流苗种的供应单位须为农业农村部公布的珍贵濒危水生动物增殖放流苗种供应单位。被列入农业农村部通报的增殖放流违法违规苗种供应单位名单的，不得承担增殖放流项目苗种供应任务，也不得纳入增殖放流苗种供应单位招标范围。

苗种生产单位必须是在中华人民共和国境内从事水产苗种繁育的单位，具有独立承担民事责任的能力，持有水产苗种生产许可证；苗种生产设施齐全，育苗设施规模和苗种生产能力应满足放流苗种生产需要；有由一定数量的专业技术人员和熟练技术工人组成的技术队伍，其中技术负责人应具有水产专业中专以上学历，从事水产苗种繁育工作 3 年以上；建立有生产和质量控制各项管理制度，以及完整的引种、保种、生产、用药、销售、检验检疫等记录；具备水质和苗种质量检验检测、制订苗种生产技术操作规程的基本能力。

乌原鲤为国家二级重点保护野生动物，增殖放流苗种供应单位须在农业农村部公布的珍贵濒危水生动物增殖放流苗种供应单位中选择。2018 年 12 月11 日，中华人民共和国农业农村部公告第 107 号首次将 1 家乌原鲤苗种供应单位列入珍稀濒危水生动物增殖放流苗种供应单位名单（第六批）。2021 年9 月 15 日，根据农业农村部渔业渔政管理局关于珍稀濒危水生动物增殖放流苗种供应单位（第七批）拟定名单的公示，又有 2 家乌原鲤苗种供应单位被列入拟定名单。

（二）亲本数量与质量

苗种供应单位原则上必须要有繁育亲本，且亲本数量能满足放流苗种生产需要；亲本应来自该物种原产地天然水域、水产种质资源保护区或为省级及以上原种场保育的原种，且来源、培育、更新记录清楚完整。确有特殊情况无法自繁自育的，必须提供苗种来源单位的亲本来源及苗种繁育情况证明，且苗种来源单位也应符合有关基本条件。

各地在增殖放流招标时，要明确将拥有繁育亲本及亲本规模作为增殖放流单位招标的重要限制条件，并要求苗种供应单位提供亲本来源、培育及更新记录。

五、增殖放流的公证与公示

渔业行政主管部门组织开展增殖放流活动应当公开进行，邀请渔民、有关科研单位和社会团体等方面的代表参加，并接受社会监督。增殖放流水生生物的种类、数量、规格等应当向社会公示。

增殖放流任务承接单位应当通过适当形式向社会公示拟开展增殖放流活动基本信息，包括放流区域、时间、物种、数量、规格等。具备条件的增殖放流活动，应由相关公证机构出具公证书。

水生生物增殖放流专项资金应专款专用，并遵守有关管理规定。渔业行政主管部门使用社会资金用于增殖放流活动的，应当向社会、出资人公开资金使用情况。

要依法通过招标方式采购用于增殖放流的水生生物或确定苗种生产单位，并将信息公开公示，主动接受社会监督。

六、增殖放流水生生物的检验与检疫

各级渔业主管部门统一组织的增殖放流活动所用水产苗种必须进行疫病和药物残留检验，确保苗种健康、无病害、无禁用药物残留。经检验合格后方可进行放流。

（一）增殖放流水生生物的违禁药物检验

增殖放流苗种药物残留检验按《农业部办公厅关于开展增殖放流经济水产苗种质量安全检验的通知》（农办渔〔2009〕52号）执行。

每次进行增殖放流活动前，由参加增殖放流活动的苗种生产单位向具有检验资质的水产品质检中心提出检验申请。增殖放流物种须在增殖放流前7 d内组织检验，以一个增殖放流批次作为一个检验组批。

参加增殖放流的苗种每批次、同品种检验样品数量不低于2个。如放流苗种数量大，根据具体数量适当增加样品量。检验指标为硝基呋喃类代谢物、孔雀石绿和氯霉素。

接到申请后，质检中心按照《产地水产品质量安全监督抽查工作暂行规定》和《水产苗种违禁药物抽检技术规范》（农业部1192号公告—1—2009）的有关要求进行抽样和检验。

无特殊情况，质检中心须在抽样后10个工作日内完成检验，并向苗种生产单位出具检验报告。无硝基呋喃类代谢物检验资质的质检中心，应委托具备检验资质的质检中心对苗种样品进行检测，并由其出具正式的检验报告。

苗种生产单位凭质检中心出具的正式检验报告向渔业主管部门申请参与增殖放流活动。经检验含有药物残留的经济水产苗种，不得参加增殖放流活动。

一年之内有两次及以上禁用药物检测呈阳性的水产苗种场，以及拒绝抽检或不接受监管的苗种场不得参与增殖放流苗种的招投标工作。

（二）增殖放流水生生物的疫病检测

各级水生动物疫病防控机构或水产技术推广机构应积极配合渔业主管部门做好增殖放流水生生物疫病检测工作。增殖放流水生生物的产地疫病检测参照《农业部关于印发〈鱼类产地检疫规程（试行）〉等3个规程的通知》（农渔发〔2011〕6号）执行。该规程规定了鱼类、甲壳类和贝类产地检疫的检疫对象、检疫范围、检疫合格标准、检疫程序、检疫结果处理和检疫记录的工作程序和规范标准，适用于我国境内鱼类的产地检疫。

由于现阶段我国的动物检疫合格证明一般是当日内有效，因此货主一般应当在 24 h 内申报检疫事项。申报检疫采取申报点填报、传真、电话等方式。采用电话申报的，需在现场补填检疫申报单。县级渔业主管部门在接到检疫申报后，根据当地相关水生动物疫情情况，决定是否予以受理。受理的，应当及时派出官方兽医到现场或到指定地点实施检疫；不予受理的，应说明理由。县级渔业主管部门可以根据检疫工作需要，指定水生动物疾病防控专业人员协助官方兽医实施水生动物检疫。经检疫合格的，出具动物检疫合格证明，内容包括检疫证明编号，货主姓名、联系电话，动物种类、数量及单位，用途，起运地点，到达地点，牲畜耳标号，检疫合格有效时间，运载工具牌号，检疫申报单位编号，检疫信息查询码，检疫信息查询网址，官方兽医签字，签发日期及动物卫生监督检疫专用章等。经检疫不合格的，出具检疫处理通知单，并按照有关规定处理。可以治疗的，诊疗康复后可以重新申报检疫。发现不明原因死亡或怀疑为水生动物疫情的，应按照《中华人民共和国动物防疫法》《重大动物疫情应急条例》和农业农村部相关规定处理。病死水生动物应在渔业主管部门监督下，由货主按照农业农村部相关规定进行无害化处理。水生动物起运前，渔业主管部门应监督货主或承运人对运载工具进行有效消毒。跨省、自治区、直辖市引进水产苗种到达目的地后，货主或承运人应当在 24 h 内向所在地县级渔业主管部门报告，并接受监督检查。官方兽医须填写检疫工作记录，详细登记货主姓名、地址，检疫申报时间，检疫时间，检疫地点，检疫动物种类、数量及用途，检疫处理，检疫证明编号等，并由货主签名。检疫申报单和检疫工作记录应保存 24 个月以上。

七、增殖放流苗种锻炼与筛选

在增殖放流前 15 d 开始进行野性驯化，在增殖放流前 3 d 开始进行拉网锻炼，在增殖放流前 1 d 视自残行为和程度酌情安排停食时间。

增殖放流的鱼类在感官上要活力强、规格整齐、体表整洁；在可数性状上死亡率、伤残率、体色异常率、挂脏率之和要低于 5%，规格合格率要不低于 85%；在药物残留方面，国家、行业颁布的禁用药物不得检出，其他药物残留要符合 NY 5070 的要求。

增殖放流鱼类的规格要均匀，出池前要随机取样，总数不少于 50 尾，测量规格，计算合格率，符合基本要求后才能用于增殖放流。

八、增殖放流苗种运输

为提高运输成活率，应进行运输前试验及准备，选择适宜的运输方式，设定运输过程应急预案。运输过程中要避免剧烈颠簸和阳光暴晒、雨淋，尽量缩短运输时间。增殖放流前进行打包，要根据放流水域的温度、盐度提前调节培育用水的温度、盐度等，温差不大于 2 ℃，盐度差不大于 3。要根据增殖放流鱼类的耐氧性、规格、放流日天气和运输距离、时间等因素，合理确定打包密度，采取相应的充氧和控温措施。相关工具要消毒。此外，对于准备运输的鱼苗应注意以下几点。

（一）体质要求

为适应复杂的长途运输操作过程，要求鱼苗鱼种规格一致，体型匀称，背尾饱满，鳞鳍完整无创伤，游动活泼。

（二）拉网锻炼

鱼苗应在鳔点长齐，开口吃食，体呈淡黑色时起运。如运输时间在 12 h 以上，体色应浅一些。鱼种起运前 1~3 d 必须拉网锻炼，使鱼体预先排空肠内粪便并减少体表黏液，让其体质结实，习惯密集环境。一般长途运输前须拉网锻炼 2~3 次，短途运输前拉网锻炼 1 次即可。

（三）温度要求

运输鱼苗水温应控制在 10~20 ℃，运输鱼种水温应控制在 8~15 ℃。0 ℃ 以下时容易损坏鳞片，不宜运输。夏季高温时，可用冰块降温运输。

（四）水质要求

运输用水要求水质清澈，溶解氧含量高，无毒无臭味，不受任何污染。途中需要换水时，每次换水量一般不超过 1/2，最多不超过 2/3，以防止水环境突变造成鱼苗鱼种不耐受。运输鱼苗的水温与池塘水温相差不超过 2 ℃，运输鱼种的水温与池塘水温相差不超过 5 ℃。

（五）氧气要求

保证鱼苗和鱼种在运输中有足够的氧气。除密封氧外，一般可以用击水、送气、淋水、换水等形式增氧。

（六）密度要求

在起运前，最好做一次装载密度试验。例如水温在 20 ℃左右，运程 6~8 h，1 m³ 帆布篓可装运 5~7 cm 的鱼种约 2.5 万尾。密度一定要根据水体积、水温、鱼苗和鱼种的规格来确定，宁小勿大。

九、增殖放流活动

开展增殖放流通常要举办增殖放流活动，邀请社会各界共同参与。下级单位承担的增殖放流任务，一般需要做好增殖放流活动计划和方案，并报上级主管部门备案。

水生生物增殖放流是一项系统工程，需要社会各界的广泛参与和共同努力。各级渔业主管部门要充分发挥好增殖放流社会影响力大的优势，加强宣传引导，动员更多社会力量加入增殖放流事业中来。要积极开展水生生物资源养护和增殖放流宣传活动，增强公众生态环境保护意识，提高社会各界对增殖放流的认知程度和参与积极性，鼓励、引导社会各界人士广泛参与增殖放流活动。要加强增殖放流科普教育，通过相关协会或志愿者组织，引导社会各界人士科学、规范地开展放流活动，有效预防和降低随意放流可能带来的不良生态影响。要充分利用好增殖放流活动这一平台，创新活动组织形式，开展延伸宣传、关联宣传，让增殖放流活动同时成为渔业可持续发展、水域生态文明建设的宣传平台，在全社会营造关爱水生生物资源、保护水域生态环境的良好氛围。

要积极开展增殖放流活动。在国际生物多样性日、全国放鱼日等适宜水生生物相关活动宣传的特殊时间节点，积极组织开展增殖放流活动，充分发挥定点增殖放流平台（场所）功能作用，扩大社会影响，增强社会公众水生生物资源保护意识。同时，要注重加强增殖放流实际效果，避免活动流于形式。县级以上人民政府渔业行政主管部门应当积极开展水生生物资源养护与增殖放流的宣传教育，提高公民养护水生生物资源、保护生态环境的意识。

要创新增殖放流宣传形式。鼓励采取发布公益广告、开展"云放鱼"活动等方式，引导社会公众通过线上线下多种方式参与增殖放流活动，让增殖放流活动成为促进渔业可持续发展和生态文明建设的宣传平台，在全社会营造关爱水生生物资源、保护水域生态环境的良好氛围。

要引导社会各界共同参与水生生物增殖放流活动。充分发挥各类水生生物保护区管理机构、增殖站、科研教育单位、繁育展示场馆和新闻媒体的作用，多渠道开展增殖放流相关科普宣传活动。扩大增殖放流的交流与合作，推动形成政府部门组织、科研机构、社会团体、企事业单位、民间组织等共同参与增殖放流的良好局面。

十、增殖放流苗种质量要求

县级以上渔业主管部门应按照《农业部办公厅关于 2014 年度中央财政经济物种增殖放流苗种供应有关情况的通报》（农办渔〔2015〕52 号）要求，严把放流苗种种质关，从招投标方案制订、苗种供应单位资质审查、实地核查等多方面入手，加强放流苗种种质监管。特别是在放流苗种培育阶段，增殖放流项目实施单位应组织具有资质的水产科研或水产技术推广单位，在放流苗种亲体选择、种质鉴定等方面严格把关，加强对苗种供应单位亲本种质的检查。

用于增殖放流的亲体、苗种等水生生物应当是本地种。苗种应当是本地种的原种或者子一代，确需放流其他苗种的，应当通过省级以上渔业行政主管部门组织的专家论证。

增殖放流苗种要通过检验检疫，确保苗种健康无病害、无禁用药物残留。禁止使用外来种、杂交种、转基因种及其他不符合生态要求的水生生物物种进行增殖放流。要依法通过招标方式采购用于放流的水生生物或确定苗种生产单位，并将信息公开公示，主动接受社会监督。

应遵循"哪里来哪里放"原则，确保种质纯正，避免跨流域、跨海区放流增加生态风险。在增殖放流工作实施前，要认真开展增殖放流适宜性评估，在科学论证的基础上确定增殖放流适宜水域、物种、规模、结构、时间和方式等。

各地渔业主管部门还要加强对社会大众的宣传教育，加强对宗教界放生活动的指导、协调和监督，切实规范各类放生行为，严禁不符合生态要求的物种进入天然水域。

各地在组织增殖放流项目招标时，应将增殖放流苗种质量检验要求作为必要条款列入招标文件中，并在与中标单位签订合同时予以明确。苗种生产单位凭检测单位出具的疫病和药物残留检验合格报告申请参与增殖放流活动。经检验含有药物残留或不符合疫病检测合格标准的水产苗种，不得参与增殖放流等活动。项目实施单位应将增殖放流苗种疫病和药物残留正式检验报告归档保存两年以上。一年之内有两次及以上禁用药物检测呈阳性，或连续两年疫病检测不合格的，以及拒绝抽检或不接受监管的水产苗种生产单位应被列入黑名单。

基于鱼类养殖及乌原鲤增殖放流研究与实践，用于增殖放流的乌原鲤鱼苗，除上述亲本来源、苗种来源及检验检疫等条款必须符合相关规定外，还应选择体型正常、体色光洁无异物、体质健壮、活力强、集群性好、规格整齐、外观完整、无伤残、无畸形的鱼苗（表5-1）。建议增殖放流规格为全长5~10 cm 的乌原鲤苗种。

表5-1　增殖放流水生动物的质量要求

项目	质量要求
感官质量	规格整齐、活力强、外观完整、体表光洁、对外界刺激反应灵敏
可数性状	规格合格率不低于85%（或合同更高规定要求），死亡率、伤残率、体色异常率、挂脏率之和低于5%（或合同更高规定要求）
疫病	参照《农业部关于印发〈鱼类产地检疫规程（试行）〉等3个规程的通知》（农渔发〔2011〕6号）进行产地检疫，获得动物检疫合格证明
药物残留	按照《产地水产品质量安全监督抽查工作暂行规定》和《水产苗种违禁药物抽检技术规范》（农业部1192号公告—1—2009）进行抽样和检验，并获得符合要求的正式检验报告

十一、现场验收

增殖放流任务承担单位应当邀请科研（技术推广）单位、社会团体、各界群众等方面的代表参加，接受社会监督。

增殖放流任务承担单位成立苗种验收工作小组，由行政管理、科研、生产部门专家和纪检监察、各界群众代表组成验收组。有条件的，可采用第三方公证的办法监督现场验收全过程，并开具公证书。验收组主要工作职责包括检查苗种供应单位是否具备相关管理文件规定的苗种生产资质；监督苗种供应单位是否凭检测单位出具的疫病和药物残留检验合格报告申请参与增殖放流活动，经检验含有药物残留或不符合疫病检测合格标准的水产苗种，不得参与增殖放流活动；对放流苗种的品种、规格、质量、数量和成活率进行验收；对投放过程进行全程监督，并出具验收报告。填写放流活动记录及放流苗种的品种、规格、质量、数量和成活率等验收相关表格，经各方代表签字确认后存档备查。

　　放流苗种质量要求及规格测量、计数、现场记录等验收工作可按照《水生生物增殖放流技术规程》（SC/T 9401—2010）、《水生生物增殖放流技术规范　鲷科鱼类》（SC/T 9418—2015）、《水生生物增殖放流技术规范　日本对虾》（SC/T 9421—2015）等有关规定执行。

　　全部重量法适用于贝类、海参及大规格水生生物的增殖放流生物计数。对增殖放流生物全部称重，通过随机抽样计算单位重量的个体数量，折算增殖放流生物的总数量。

　　抽样重量法适用于小规格鱼类、虾类、蟹类、贝类、海蜇类等用塑料袋包装运输的增殖放流生物计数。将每计量批次放流生物全部均匀装袋后，通过随机抽袋，对袋中样品沥水（蟹类、海蜇类除外，其他种类沥水至不连续滴水为止），按全部重量法的方法求出平均每袋生物数量，进而求得本计量批次增殖放流生物总数量。

　　抽样数量法适用于小规格鱼类、头足类、龟鳖类等用塑料袋包装运输的增殖放流生物计数。将每计量批次放流生物全部均匀装袋后，通过随机抽袋，对袋中样品逐个计数求出平均每袋生物数量，进而求得本计量批次增殖放流生物总数量。

　　抽样规则：计算单位重量生物数量时，大规格生物抽样重量（精度5 g）不低于生物总重量的0.1%，小规格生物抽样重量（精度1 g）不低于生物总重量的0.03%。用抽样重量法和抽样数量法计数时，每个计量批次分别按总袋数的0.5%和1%随机抽袋，最低不少于3袋。若一次性放流生物数量较多，应分成多个计量批次抽样计数。

十二、鱼苗投放

增殖放流应当遵守省级以上人民政府渔业行政主管部门制定的水生生物增殖放流技术规范，采取适当的放流方式，防止或者减少对放流水生生物的损害。

加强增殖放流苗种投放技术指导，在增殖放流项目实施方案中明确放流苗种投放方式，并在专业技术人员指导下具体实施。具备条件的应按照《水生生物增殖放流技术规程》（SC/T 9401—2010）要求，采取更加科学合理的方式投放苗种，以减轻放流苗种的应激反应和降低外界对放流苗种造成的不利影响。

应根据增殖放流对象的生物学特性和增殖放流水域环境条件确定适宜的投放时间、投放地点、投放方法和程序，按照《水生生物增殖放流技术规程》（SC/T 9401—2010）、《水生生物增殖放流技术规范　鲷科鱼类》（SC/T 9418—2015）、《水生生物增殖放流技术规范　日本对虾》（SC/T 9421—2015）等有关规定执行。

增殖放流投放时间：应根据增殖放流对象的生物学特性和增殖放流水域环境条件确定适宜的投放时间。乌原鲤苗种的投放时间最好选择在禁渔期的6月前后上午时段。

增殖放流气候条件：选择晴朗、多云或阴天进行增殖放流，内陆水域最大风力5级以下。不可在极端天气进行增殖放流。

增殖放流投放地点：应该选择现在或曾经有增殖放流鱼类分布生活的水域。最理想的增殖放流水域是增殖放流对象的产卵场、索饵场或洄游通道，而且方便开展增殖放流工作的地段。增殖放流水域应是非倾废区，非盐场、电厂、养殖场等的进排水区。推荐的增殖放流水域应具备以下基本条件：水域生态环境良好，水流畅通，温度、盐度、硬度等水质因子适宜；水质符合《渔业水质标准》（GB 11607—1989）规定；底质适宜，底质表层为非还原层污泥；增殖放流对象的饵料生物丰富，敌害生物较少。尽量选择有水生植物分布生长的河段，优先选择水域生境异质性较高、水体流速较缓慢、饵料相对丰富的回水区和沿岸带。通常情况下，增殖放流地点以下列条件为筛选原则：交通方便；水流平缓，水域较开阔的库湾或河道中回水湾；水深 5 m 以内，凶猛性鱼类少；饵料生物相对丰富。

增殖放流投放方式：禁止采用抛洒或高空倾倒等伤害水生生物的放流方式。一般鱼类增殖放流可采取常规投放或滑道投放两种方式。常规投放就是人工将水生生物尽可能贴近水面（距水面高度不超过 1 m）顺风缓慢放入增殖放流水域。在船上投放时，船速应小于 0.5 m/s。滑道投放就是将滑道置于船舷或岸堤，通过滑道投放苗种。要求滑道表面光滑，与水平面夹角小于 60°且末端接近水面。在船上滑道投放时，船速应小于 1 m/s。

十三、增殖放流前后管理

各级渔业主管部门要严格落实增殖放流方案申报审查制度、增殖放流生态安全风险评估制度、水产苗种招标采购制度、水产苗种检验检疫制度、放流公证公示制度、放流过程执法监管制度和放流效果评估制度，加强增殖放流事前、事中和事后的全过程监管。

要强化增殖放流水域监管，通过在增殖放流水域采取划定禁渔区和禁渔期等保护措施，强化增殖放流前后放流区域内有害渔具清理和水上执法检查，确保放流水生生物得到有效保护，确保增殖放流效果。要加强放流水生生物数量和质量监管，严禁虚报增殖放流水生生物数量；认真开展放流水生生物检验检疫，提高增殖放流水生生物质量。要规范增殖放流方式方法，禁止采用抛洒或高空倾倒等伤害水生生物的放流方式。要加强增殖放流财政项目实施情况的监督检查，严格执行项目管理及政府采购等相关财务管理规章制度，切实规范增殖放流资金使用。要加强涉渔工程生态补偿项目增殖放流监管，确保相关单位依法依规开展增殖放流活动。

渔政部门在增殖放流前加强禁渔宣传和清查定置网具。在放流期间采取临时限制捕捞措施，禁止在投放苗种水域进行捕捞作业。增殖放流后加强开展巡逻检查，认真查处各类偷捕和电鱼、炸鱼、毒鱼行为，杜绝"边放边捕""上游放、下游捕"等现象，确保增殖放流效果。

广西壮族自治区实施《中华人民共和国渔业法》第四章第二十五条规定，在人工增殖放流后 30 日内，禁止在投放苗种的水域进行捕捞作业。

十四、增殖放流效果评估

开展增殖放流后，为了解增殖放流的成效，往往需要进行增殖放流效果评估，编写增殖放流效果评估报告。渔业行政主管部门应当组织开展有关增殖放流的科研攻关和技术指导，采取标志放流、跟踪监测和社会调查等措施对增殖放流效果进行评估。评估内容主要包括放流生物的成活情况、分布与扩散情况、生长与发育情况、回捕情况、渔业资源贡献情况、投入产出比等，以及渔民增收、维护社会稳定、生态保护意识宣传、生态影响等方面形成的增殖放流经济效益、生态效益和社会效益综合性评估。其中，生态效益评估中生态安全评价前后间隔一般不应超过 5 年。

第六章　乌原鲤增殖放流效果评估

第一节　增殖放流效果评估基础

一、常见放流标志方法

为了掌握增殖放流对象在放流水域环境的生长、存活、死亡及其移动分布规律等，往往需要对放流对象进行标志，这是科学评估增殖放流效果的重要途径之一，可为渔业资源的养护管理和水域生态修复提供指导。目前，标志回捕放流水生动物已成为国内外评估增殖放流效果的一种有效途径，选取适宜且高效的标志是提高增殖放流效果评估准确性的重要保障。鱼类放流标志方法种类繁多，发展至今已有几十种，有简单的物理标志，也有复杂的分子标志，概括起来可分为体外标志法和体内标志法两大类。标志成本、操作难易程度、识别回收方法等客观因素均是鱼类标志过程中需要考虑的内容。标志方法优劣可以从鱼的生长情况、存活率及标志保持率等参数进行评价。目前常用的鱼类体外标志法包括剪鳍法、剪棘法、烙印法、挂牌标志法等；体内标志法包括荧光色素标志法、金属线码标志法、被动整合雷达标志法、档案式标志法、分离式卫星标志法、生物遥感勘测标志法以及用特殊药液浸泡使耳石染色，产生耳石标志等技术。近年来，随着生物技术的发展，分子标志也作为一种体内标志的方法开始逐渐被应用于增殖放流中。

（一）体外标志

1.挂牌标志法

挂牌标志法是最传统并且常用于大规模放流的标志方法。该方法将特制的标志牌用专门材料固定在鱼体上，标志牌一般使用小型的聚酯纤维塑料牌和不锈钢金属标志牌，穿刺材料一般采用白色涤纶线和银丝。标志牌依据固着方式不同又可分为穿体标、箭形标和内锚标3类，前两类标志牌常固着于鱼体背鳍前缘基部，后者则固着在鱼体腹部。标记枪与鱼体呈45°~60°插入肌肉5 mm左右，注意标志枪枪头不穿透鱼体。挂牌标志操作较简单，成本相对较低，且肉眼可观察标志的存在，可实现对放流对象的大批量标志。目前，挂牌标志法在牙鲆、真鲷、大黄鱼等很多经济鱼类的增殖放流活动中广泛应用。相比剪鳍法，挂牌标志法的回收率更高。但挂牌标志法也有相应的缺点，在使用标志枪对放流对象进行标志操作时，会对鱼体标志部位造成较大创伤，使鱼类出现因伤口愈合困难易感染疾病继而出现死亡或生长抑制的情况，因此该方法一般用于个体较大鱼种的放流标志。使用标志枪标志时鱼苗的全长应大于 17 cm，因为小型鱼类对固着时的操纵压力忍耐性较低。因此，应用此方法时在标志前要用 75% 酒精对标志枪和标志材料进行消毒处理，标志后用红霉素软膏涂抹或用土霉素（5 mg/L）浸泡鱼体伤口处以防止伤口感染，提高鱼类存活率。此外，标志过程中要注意不能打到脊柱神经，否则会造成鱼体瘫痪。

2. 剪鳍法

剪鳍法也是鱼类标志常用方法之一。该方法将鱼体的 1 个或多个鳍条部分切除作为标志，一般与其他方法结合使用。可以在不影响鱼类正常生存的前提下切去部分胸鳍、腹鳍或尾鳍等。同一物种使用不同的切鳍方式会有不同的放流效果。对鲢鱼的研究中发现，剪尾鳍标志、剪腹鳍标志、挂牌标志、荧光标志这 4 种标志方法中，剪尾鳍标志效果最好，采用剪尾鳍标志的鲢鱼存活率及标志保持率最高。剪鳍法简单迅速且成本低，但会对鱼体造成损伤甚至影响鱼的游泳能力，仅适用于体型较大的鱼苗或健康强壮的鱼苗。另外，由于某些鱼类的鳍条再生能力较强，剪切时尽量连同鳍基骨一起完全彻底剪除，从而阻碍鳍条的再生，使其形成永久可辨认的标志。在草鱼的标志放流中已证实了剪腹鳍标志法因腹鳍完全还可再生，只适合短期标志。

3. 烙印法

采用热烙印（hat branding）或冷烙印（cold branding）在动物体表上保留可辨认的标志方法为烙印法。热烙印一般采用水、激光、乙炔、电枪等进行标志，冷烙印采用液氮、干冰等进行标志。一般常用冷烙印，通常认为冷烙印比热烙印更有效。烙印法较其他标志方法更为简单，将一块冷或热的金属模板接触动物需要烙印的体表部位几秒钟，数天后，受创组织就会形成可辨认的印记。烙印部位并无绝对要求，一般选择在体侧和头部这些易于观察且比较明显的部位。

烙印法虽然操作简单快捷，但是标志仅能在鱼体上保留数月，仅为鱼类区域性活动范围的研究和短期回捕效果评估提供了一种方式，且该方法一般只适用于无鳞或细鳞的鱼类。由于烙印法对鱼体伤害较大，可能导致放流后鱼类死亡，因此最好用于体型较大的鱼类，尤其是成体的标志，同时标志过程要严格把控烙印程度。

（二）体内标志

1. 荧光色素标志法

荧光色素标志法是一种化学标志法。为提高标志可视性，利于渔民回收，通常在鱼体比较透明醒目的部位，如头部（头顶部、眼眶后部、鳃盖皮下）、鳍条周围（背鳍和胸鳍之间、靠近胸鳍等部位），注射变色硅胶和荧光染料的混合液体（比例为 1∶8 至 1∶10），待其凝固后即形成肉眼即可观察到的颜色标志。但这种标志保留时间不长，同时会随着鱼体生长产生的排斥作用或者被组织覆盖导致荧光强度越来越弱从而不便于识别。此外，该方法还有不具备编码功能无法单独加标、在有色素的组织下注射不易识别等缺点。荧光色素标志法的优点是操作较为简单，成本较低，用发光二极管灯或荧光手电筒照射即可鉴定鱼苗是否具有荧光标志。这种体内标志方法对鱼的存活、生长和行为影响很小，已有多项研究表明此方法的标志保持率可达 90% 以上，并且个体成活率均超过 90.0%，具有经济实用的优点。荧光色素标志法不仅适用于多种鱼类，也可用于大规模标志规格较小的水生动物。

2. 荧光染料标志法

通过投喂、浸染或注射等手段使某些荧光染料与鱼体钙化组织（如耳石、鳞片等硬骨组织）发生络合反应，形成稳定的螯合物，从而实现在荧光显微镜下可明显识别出荧光标志或着色点标志的标志方法称为荧光染料标志法，属于永久性标志法。渔业中较常见的荧光染料主要有有氧四环素、盐酸四环素、钙黄绿素、茜素红及茜素络合指示剂等。为了保证食用安全，有氧四环素、盐酸四环素等抗生素已逐渐被淘汰，目前常用茜素络合指示剂和茜素红进行化学标志。其中，茜素红由于经济实惠，更是成为大规模标志使用荧光材料的首选。使用同一种标志染料标志不同生物，所需染料用量、染色效果、染色时间和对目标生物的影响等存在较大差异。一般的染料会对目标生物产生急性或慢性毒害作用，毒害作用会随浸泡时间的延长和溶液浓度的增加而增强，也会随着鱼体规格的增大而减弱，会影响被标志个体的生长、发育等，严重者甚至会造成被标志个体死亡。荧光染料标志法可以在短时间内对处于生活史不同阶段的鱼类进行大规模标志，具有操作方法简单、价格低廉的优势，在渔业相关研究，如水生动物生长率调查、年轮和年龄鉴定及种群区域鉴定等方面具有较多应用。

3. 金属线码标志法

金属线码标志法（CWT 标志法）又称数字式线码标志系统，是国外放流标志中使用较多的标志方法之一，于 20 世纪 60 年代由美国西北海洋技术公司设计和制造，国外开始规模化应用是在 20 世纪 90 年代，我国于 2002 年开始引入并逐步普及。此方法是用线码标志仪将磁化的无毒金属线码注入鱼体内，然后通过线码检测器扫描放流对象是否含有标志线码，经解剖后取得标志线码即可在显微镜下获得编码。金属线码标志法灵敏度高，选择适当标志位置可以提高标志保持率，一般来说建议选择头部、下颌肌肉、颈部肌肉和背部肌肉等较为坚硬结实的肌肉部位进行标志且标志力度要适度。金属线码有 0.5 mm、1.1 mm、1.6 mm 3 种规格，规格的选择视鱼体大小而定，一般来说尽量选择小规格线码。金属线码标志体积小，无毒无害，即使误食对人体也基本无影响。金属线码标志的一个极显著优势是标志上有编码，能区分不同个体。该方法对鱼体损伤小，标志保持率高，对要经历多次蜕皮的甲壳类也适用，此外，对鱼类的捕食、生境选择等行为影响较小。但该方法也存在一些不足之处，由于金属线码标志在体内，不易直接观察辨识，致使回捕识别率下降，需用特定的检测器才能对标志信息进行读取。因此，使用金属线码标志时，往往需要通过进行第二标志（一般是剪鳍标志，剪去脂鳍或臀鳍等鳍条）来辅助标志，以弥补其自身缺点，提高金属线码标志的检出率。

目前，金属线码标志和检测可以通过自动仪器进行，从而进行大规模标志和检测。金属线码标志法在增殖放流及渔业资源调查领域具有一定应用价值，但还存在标志检测设备昂贵且不便携带的缺点。随着金属线码标志系统的更新，目前，全自动金属线码标志仪主机质量约 6 kg，检测仪质量约 1.5 kg，相对便于携带，可在野外环境等条件下即时标志。

4. 被动整合雷达标志法

被动整合雷达（Passive integrated transponder，PIT）标志系统包括 PIT 标签、天线和收发器 3 个部分，于 20 世纪 80 年代开始在鱼类增殖放流中应用。由于该标志系统无电源，必须依靠检测仪内的励磁系统才可产生电能，因而被称为被动整合标志。PIT 标志可以识别每个标签，每个标签都对应着唯一的标识代码，一般将标签注入鱼体肌肉、体腔等方便放置的位置。该标志也并非肉眼可见，因此需要用 PIT 检测仪对目标进行筛选，若经 PIT 标志的动物在检测仪天线的读取范围内，检测仪构建的励磁系统就会发射磁信号，激活PIT 标签，而 PIT 标签感应到该信号后会产生电流，激活自身的电子电路，从而发射信号。收发器接收信号并转换成标识代码，实现对鱼群的跟踪。PIT 标志系统可以分为固定式和便携式 2 种，固定式的天线是静止的，一般用于监测某个站点，如通过水面设施和小型河流的某个区域的鱼类；便携式的天线可以移动，有助于对水生动物的空间分布、运动和生境偏好等进行跟踪研究。便携式 PIT 标志系统逐渐发展完善，其标签主要采用 2 种技术，即全双工技术 12 m 标签和半双工技术 23 m 标签。全双工收发器发送和接收信号可以同时进行，而半双工收发器需要等发送信号关闭后，才能接收返回信号，因此半双工标签识别速率较慢，但其不依赖电池供电，能够持续保持活跃状态。

PIT 标签型号多样、大小不一，常用的 PIT 标签的长度范围为 12~12.5 mm，直径范围为 2~2.2 mm。跟其他大多数标志方法一样，标志的选择主要看放流水生动物的规格和条件，尽量降低标志对目标生存和活动产生的影响。PIT 标志在淡水中易于识别读取，但在海水中易受电磁信号干扰，较难操作。

PIT 标志芯片及探测设备价格昂贵，芯片规格较大且植入过程烦琐，操作要求较高，一般适用于体型较大的标志对象。此外，由于发射的信号弱，收发器可感应检测到的范围较小，目前最大感应距离只有 150 cm，因此该技术不适于规模化标志放流。但是 PIT 标志法的优势也非常明显，主要优势包括：①可以有效提高放流个体的回捕率；②标签信息可以长期保持；③不需要捕捞杀死标志对象，即可简便、直观得到标志信息，可实时监测标志个体的活动情况。

5. 档案式标志法

档案式标志法一般使用在金枪鱼、大型鲨鱼等大型鱼类上。该标志法的关键是标志牌（一种微小的储存数据电子仪器），一般装在紧靠第一背鳍的背部肌肉上，每隔一定时间激活 1 次，可以记录水压、光强及体内外温度等数据，同时还可以提供当天鱼类的地理位置，具有较高的准确度。研究人员可以通过电子感光器获取存储在标志中的信息，进而了解鱼类行为及分布，但这一切的前提是要成功找到标志鱼，回收标志牌。然而，某些大型海洋鱼类的回捕较为困难。由于该标志方法成本较高，不适合大规模使用，用于具有较高经济价值且标志回收率较高的大型鱼类相关试验更为可行。

6. 分离式卫星标志法

分离式卫星标志法又称弹出式标志法，是一种通过连接装置挂于水生生物体表，利用卫星进行定位从而对鱼类进行跟踪记录的方法。该标志的耐压壳由环氧羟基树脂制成，携带天线，同时配备一件耐腐蚀的分离装置，当标志脱离鱼体时天线还能保持竖直状态。分离式卫星标志不仅可以用于追踪确定鱼的位置，还能依靠温度传感器、压强传感器和光亮度传感器采集目标生物所处环境的温度、深度、光亮度等信息。该标志法与档案式标志法最大的区别是，该标志可根据预设程序定时自动脱离鱼体，上浮到水体表面后通过卫星向地面接收站传送数据，因此该方法不依赖对标志对象进行捕捞回收。目前，该方法凭借其独特优势已在海龟、鲨鱼及金枪鱼类等大型水生动物的放流中被广泛应用。该方法可方便地获取目标生物的栖息地、摄食情况、洄游方向及洄游路线等高精确度信息，是研究大型生物行为特征较为理想的标志方法。近年来，随着标志物规格的缩小和标记技术的更新，小型化分离式卫星标志逐渐成功应用于多种小规格鱼类的标志研究中。但是，分离式卫星标志搭载的传感器较少，只采集温度、光亮度、深度信息，需要向多传感器集成化方向发展，才有利于扩大标志规模，扩展物种研究领域，更多方位满足深化研究的需求。

7. 生物遥感勘测标志法

生物遥感勘测标志法最早在 1956 年被应用于鲑科鱼类的研究，是在鱼类体内安装微型生物遥感勘测标志的一种标志方法。生物遥感勘测标志依据技术原理的不同可以分为超声标和电磁标两大类，二者的区别在于发射频率和接收装置不同。该标志包含电池，通过发射选定波长、频率和其他特性的波信号，使远处接收器探测到这些信号，再根据信号的强弱和方向来确定目标位置。

生物遥感勘测标志能连续发送信号，借助飞机或人造卫星无需经过回捕即可大范围跟踪水生动物，对鱼类所处的生境特征（如水深、水温）、活动节律（如摄食情况、洄游情况、静止或死亡状态）及某些生理状况（如体温、心跳、呼吸频率等）进行监测，减少了收集数据的成本。生物遥感勘测标志相对其他标志来说比较大，因而可能会对标志对象产生一定影响，例如，标志安置在体表，会增加鱼类游泳的阻力；安置于胃内，可能影响鱼类的摄食；安置在体腔内，可能增大伤口和体腔感染的概率，进而增大死亡率等。但是随着技术进步，生物遥感勘测标志的体积也越来越小，对标志对象的影响会越来越小，蕴含的功能越来越强，其将会成为渔业资源增殖放流效果评估的有效工具。

8. 耳石热标志法

鱼类生活史中经历的事件通常可被耳石准确记录，如生长温度的波动、生长速率的大小、洄游信息等。鱼类生活的历史背景可以通过分析耳石轮纹进行推断。耳石热标志法就是利用鱼类耳石轮的生长特性进行人为控温实现标志的一种耳石标志方法。此外，常见的还有耳石化学标志法。耳石热标志法在鲑鱼增殖放流中的应用已有20多年，至今可用的热标志模式大约有100种。有研究表明，水温突然降低2 ℃，持续4~24 h，耳石上就会产生明显的暗纹，暗纹密度与降温幅度和低温持续时间相关，温差越大或低温持续时间越长，耳石上暗纹的密度就越大。与之相反的是，通过加热使水温高于环境水温，导致耳石生长较快，形成一条宽带低密度的耳石轮纹，与低水温环境下产生的窄带高密度轮纹差异明显。通过温度调控可以大规模对胚胎、仔鱼等的耳石进行标志。该方法操作简单且成本较低，这种明暗相间的耳石轮纹会稳定存在，是终生可识别的标志。该标志法在人工增殖放流中的应用前景广阔，已在世界范围内得到广泛推广使用。但后期检测过程烦琐，需要取出耳石打磨后利用荧光显微镜或光学显微镜才能观察，工作量大，成本也较高。

9. 分子标志法

分子标志法是随着分子生物技术发展而兴起的一种新型的自然标志法，它不同于传统标志法通过改变标志对象而获得标志，而是以个体间遗传物质变异为基础的遗传识别标志法。目前应用较多的是微卫星 DNA 标志和线粒体 DNA 控制区（D-loop）相结合的标志，在长牡蛎、海湾扇贝和虾夷扇贝等贝类中已有过应用。该方法首先要建立比较完整的亲本遗传信息数据库，亲本信息越全面，回捕对象鉴定的准确性越高。原理是进行基因测序后，使用微卫星DNA来比对放流子一代和亲本的等位基因以辨别该个体是否源于标志亲本，再利用线粒体DNA提供的信息来提高检测的准确性。该标志可永久保留，不存在脱落或改变的情况。放流前需对亲本取样测序，建立遗传学信息数据库，无需对放流个体进行任何操作，最大程度减轻了对鱼体造成的伤害，适用于大规模放流活动。但由于回捕后检测成本较高，且检测前需筛选特异性较高的标志位点，因此应用较为困难。微卫星DNA标志作为分子标志的一种，将其用于增殖放流，可以通过亲缘关系分析较为准确地区分回捕个体是否属于放流个体，同时，还可以对现存群体的遗传多样性进行分析，从而评估增殖放流对该野生群体所造成的影响。微卫星DNA标志是增殖放流技术的巨大进步，为增殖放流效果评估提供有力的基础依据。亲本遗传信息数据库的建立一方面可以应用于增殖放流效果的评估，另一方面还可以作为种群遗传背景监测的重要资料。分子标志法对放流苗种遗传背景的获取及江河鱼类遗传多样性的变化监测具有重要作用。

从科学的角度来说，分子标志法操作更为简便，不伤鱼，但是后期辨别需要专业人员进行采样及提取DNA，成本较高，并且还需要一个前提，就是要提前采集苗种供应单位全部亲本的鳍条，以便后期进行亲缘关系比对。

总体来说，体外标志易识别，方法操作简单、成本低，但标志保持时间短，更适合大规格苗种增殖放流；体内标志不易识别，但保持时间更长，适合各种规格鱼种。分子标志法前期操作简单，后期操作复杂，成本高，适用于所有鱼种（表6-1）。

表6-1　常见鱼类标志方法的优缺点

标志方法	优点	缺点
剪鳍法	标志易识别，操作简单，成本低	鱼类有再生能力，标志保持时间短
挂牌标志法	标志易识别，操作简单，成本低	捆绑式标志容纳信息较少，对鱼类生长存活影响较大，不适合小规格鱼
T型标志法	标志易识别，操作简单，成本低	对鱼类生长存活影响较大，标志易脱落，不适合小规格鱼种

续表

标志方法	优点	缺点
荧光标志法	标志易识别，对鱼类生长存活影响小，适用于各种规格鱼类	随时间推移标志难以识别，标志信息较少
耳石热标志法	对鱼类生长存活影响较小，适合大批量作业	标志不易被发现，随时间推移标志难以识别，需要专业设备和专业人员识别
被动整合雷达标志法（PIT 标志法）	对鱼类生长存活影响较小，标志使用寿命长，可实现个体识别，标志可重复使用，标志持久	标志不易被发现，需要专业设备识别，不适用于小规格鱼种
金属线码标志法（CWT 标志法）	对鱼类生长存活影响较小；标志使用寿命长；可实现个体识别；可采用自动化设备打标，适合大批量作业	标志不易被发现，需要专业设备识别
分子标志法	对鱼类生长存活影响小，永久标志，可实现个体及子代识别	标志不易被发现，需要专业设备识别，成本较高

二、常见增殖放流效果评估方法

增殖放流效果评估是基于某一特定的增殖放流活动，在放流后一定时间段内，为了检查和评估放流工作是否达到预期效果，对增殖放流所产生的经济效益、生态效益和社会效益进行客观的衡量和评述。它是增殖放流工作体系的核心环节之一，也是增殖放流研究工作的重点和难点，更是判定增殖放流成功与否的关键。合理有效的增殖放流效果评估体系应该包括产生的经济效益、生态效益和社会效益三个方面。

（一）标志重捕法

标志重捕法是在被调查种群的生存环境中，捕获一部分个体，将这些个体进行标志后再放回原来的环境，经过一段时间后进行重捕，根据重捕中标志个体占总捕获数的比例来估计该种群的数量。标志重捕法在水生生物增殖放流中的应用就是给鱼类做上特定标志后放流，经过一段时间后进行回捕，根据回捕率和捕捞到带有标志鱼类的活动范围及体长、体重等生物学数据，估算鱼类种群的变动，评估增殖放流效果。该方法是目前水生生物增殖放流效果评估的主要方法，在国内外广泛使用。根据标记技术不同，该方法可分为体外标志法和体内标志2种，体外标志法包括剪鳍法、挂牌标志法、烙印法、化学标志法等；体内标志法如金属线码标志法、被动整合雷达标志法、荧光标志法、耳石热标志法等，这些都是应用最广泛和历史最悠久的标志法。近年来，随着遗传学和分子生物学的发展，微卫星DNA标志法出现并被广泛应用。

标志方法的优劣直接关系到放流效果的评估。不同的标志法各有优缺点，适用对象和范围也不尽相同，需要根据放流物种的大小、应激性、皮肤特征及放流目的等实际情况进行选择。

（二）鱼苗补充群体调查评估法

鱼苗补充群体调查评估法是以早期生活史阶段的鱼卵、鱼苗为对象进行的资源调查评价方法。通过调查自然水域中鱼卵、鱼苗的种类、数量和发育情况，可以了解其补充群体的种类结构、周年丰度变化，掌握补充群体种类的时空分布特征，从而对增殖对象进行评估。对于野生自然资源已经十分匮乏的水体或濒临灭绝的鱼类，该方法比较实用。对于野生自然资源还比较丰富的水体，补充群体年际间的波动可能会掩盖增殖放流的效果，必须结合分子生物学的方法才能比较准确地进行增殖放流效果评估。

（三）分子标志评估法

在放流水域中，对评估对象进行全面的遗传多样性本底分析，同时对放流种类与江河种类进行遗传标志建档，在建立数据库的基础上，对江河回捕鱼类进行遗传比对，从比例分析结果，评估增殖放流效果。该方法结合鱼苗调查方法，可精确评估增殖放流效果。

分子标志评估法是通过亲本基因型来辨别放流子一代的方法。一般采用线粒体DNA控制区和微卫星DNA作为标志。通过比较放流子一代和亲本等位基因判断该个体是否来源于标志亲本，并利用线粒体DNA提供的信息加以佐证。该技术的关键在于亲本遗传信息数据库的建立和对放流群体进行跟踪监测。分子标志评估法应用于增殖放流，必须在了解亲体及其子一代遗传背景的情况下。在此情况下，线粒体DNA控制区和微卫星DNA标志才可成功对增殖放流个体进行标志。

（四）生态效益评估方法

对于增殖放流后区域生态环境有所改善的水域，可通过对比分析放流前后水域的水质指标及浮游生物的优势种类、生物多样性指数等来评估放流效果。浮游植物评估法包括营养分级法、优势藻类指示法、生物指标评估法等。浮游动物评估法是通过调查水域浮游动物生物量、生物多样性指数和均匀度指数、指示种类来评价水域环境，从而评估放流效果。

三、近年增殖放流效果评估规范及相关研究成果综述

我国水生生物增殖放流活动始于 20 世纪 90 年代初，相关的评估研究也同步开展，相比于法国、美国、英国和日本等国家，我国相关研究时间比较短，许多基础工作尚处于探索阶段，调查技术和评估方法相对单一。目前我国水生生物增殖放流效果评估主要采用标志重捕法，从经济效益、生态效益和社会效益三个方面进行评估。一是在增殖放流水域，通过定点捕捞调查和渔民访问调查的方式获得数据，同时结合地方渔业部门的统计数据，计算放流鱼类的成活率、生长参数和回捕率，进而计算回捕产值和投入产出比，评估增殖放流所产生的经济效益。二是通过渔获物测量数据计算放流品种的种群结构、群落多样性指数和遗传多样性指数，评估放流的生态效益。三是结合当地渔业资源管理能力、决策水平、社会对资源的生态保护意识和渔业社会稳定的精神文明等方面评估放流活动的社会效益。

2020 年 8 月 26 日，农业农村部发布《淡水鱼类增殖放流效果评估技术规范》（SC/T 9438—2020），这是目前我国进行增殖放流效果评估的行业标准。内陆水域淡水鱼类增殖放流效果评估参照此标准执行。

此外，对于回捕困难的放流品种，也可采用放流效果统计量评估法进行评估。该方法依据渔业资源评估原理，结合渔业资源增殖放流的特点，选用渔业资源评估模型，推导计算出捕捞死亡系数和按时间序列计算放流群体残存量、回捕量、回捕率和回捕效益等，进而评估渔业资源增殖放流效果。2005 年，该方法开始应用于广东渔业资源增殖放流效果跟踪监测评估和标志放流研究工作，取得良好成效。

第二节　乌原鲤增殖放流效果评估体系

一、增殖放流效果评估体系构建

乌原鲤增殖放流效果评估体系的构建主要包括放流前的本底调查，放流后的监测，以及收集数据后的增殖放流效果评估。放流前需要对拟放流水域进行环境因子、浮游生物、底栖生物和鱼类资源调查，通过环境因子和饵料生物来确定增殖放流品种。可通过 Ecopath 模型推算该水域每个鱼类功能组的生态容量，最后确定放流品种的放流数量。

乌原鲤增殖放流后需要进行持续的监测，掌握环境因子、浮游生物、放流种群、鱼类资源等变动情况，通过资源调查、市场调查、问卷调查等最后评估增殖放流效果，主要为生态效益、社会效益、经济效益三部分内容。

乌原鲤增殖放流效果评估体系构建流程见图 6-1。

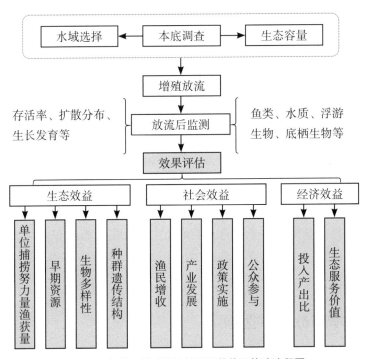

图 6-1　乌原鲤增殖放流效果评估体系构建流程图

二、增殖放流水域选定

乌原鲤为江河中下层鱼类，主要生活在珠江流域西江水系干支流水质清新的水域，多栖息于流水深处底质为岩石的水体，亦能生活于流速较缓慢的水体底部。乌原鲤有短距离洄游习性，繁殖期上溯到有一定流水的砂石底河段繁殖，洪水期向下游游动。乌原鲤属于杂食性鱼类，主要以底栖无脊椎动物为食，食物组成包括水生昆虫如摇蚊科、毛翅目、蜉蝣目等，软体动物如淡水壳菜、螺、蚬等，节肢动物如虾等，浮游植物如丝状藻类等，浮游动物如原生动物、轮虫、枝角类和桡足类等。因此，乌原鲤增殖放流的水域应该选择现在或者历史上曾有乌原鲤自然分布记录的区域，同时通过开展相应的渔业资源与环境本底调查，筛选更加适宜的生境进行放流。

目前，乌原鲤野外种群在珠江的分布极其狭窄。近年乌原鲤增殖放流结果显示，在红水河、柳江、左江、右江等地的放流实践中，发现在左江进行乌原鲤增殖放流效果较好，具有较高的回捕率和较快的生长速率，其次为右江。红水河、柳江放流后回捕情况不佳，可能与放流数量较少有关。

三、增殖放流水域本底调查

增殖放流前，首先要对拟进行增殖放流水域的生物资源和环境因子进行调查，尤其是鱼类资源，并以此为依据筛选出适宜放流的水域。其中，生物资源的调查对象包括鱼类、浮游动物、浮游植物、底栖生物、有机碎屑生物等；环境因子的调查对象包括水温、流速、总氮量、总磷量、叶绿素 a 含量等。

增殖放流后，需要定期进行调查采样，调查频率一般不低于每月 1 次，调查站点一般设置在放流区域的上下游，如果放流区域内有索饵场、产卵场等，需要增设站点。同时，涉及水坝的也应该在水坝上下游增设调查站点。此外，还可以选择一个与采样点相似的水域进行调查作为对照。

四、增殖放流数量确定

增殖放流鱼类数量的确定可以先用 Ecopath 模型评估出该水域放流鱼类的生态容量。根据林德曼定律，一个生态系统中，后一个营养级获取的能量约为前一个营养级的 10%，营养级越高的生物，生物量越低。根据这个金字塔效应，当 Ecopath 模型中某一个功能组的生物量发生变化时，其他功能组的营养转换效率（EE）也会发生相应变化，当营养转换效率大于 1 时，表示系统的平衡会遭到破坏，这个临界点即为某一个功能组的生态容量。此时的放流数量可以通过生态容量减去现存生物量来确定。

$$B_1 = \frac{B_0 - B_2}{1 - Z},$$

$$Z = M + F,$$

式中，B_1 为放流生物量，B_0 为通过 Ecopath 模型评估的放流物种的生态容量，B_2 为放流物种的现存生物量，Z 为总死亡率，M 为自然死亡率，F 为捕捞死亡率。其中，M 和 F 可以根据 FISAT Ⅱ 通过体长频率法进行推算。

五、增殖放流效果评估

（一）放流乌原鲤初期适应和存活情况

增殖放流鱼类一般由人工孵化、池塘培育、高密度池培育，经运输后人工放流到自然水域，存在不适应新环境的问题或者会产生一定程度的应激。为检验增殖放流鱼苗的初期适应和存活情况，需要开展增殖放流鱼苗初期适应和存活情况试验。根据池塘养殖放养经验，购买的鱼苗放养到养殖新水域后，1 周左右基本能适应新环境，存活情况趋于稳定，因此放流鱼苗暂养对比试验时间为 7~10 d。在此过程中，暂养密度不能太大，同时可以根据自然水域情况适当混养一些土著鱼类，观察放流鱼类最后的存活情况。

放流乌原鲤的初期适应和存活情况可以通过放流时在放流水域进行网箱暂养试验进行评估。同时，沿河布置调查监测站点，调查回捕情况，利用放流水域回捕的放流鱼类样本和销售点调查数据，检查分析其资源丰度、分布、年龄结构、生长参数、摄食等级等。比对乌原鲤生长参数的研究成果，分析增殖放流乌原鲤的适应、生长和扩散情况。

（二）分布与扩散情况

放流鱼类的分布与扩散情况可以通过在放流河段上下游布设调查站点进行调查。放流初期鱼苗具有靠边集群效应，因此初期可以通过观察鱼群的移动来分析其扩散情况。放流的鱼群扩散之后，可以对各调查站点的渔获物统计进行分析。

左江增殖放流乌原鲤扩散分布情况如下。由于流水刺激，大多鱼类本来具有上溯习性，但由于左江放流区域的上游有大坝阻隔，鱼类很难上溯，所以增殖放流乌原鲤上溯情况不符合自然状态下的实际散布。根据调查，左江增殖放流乌原鲤上溯的数量较少，可能由于自身游动或洪水甚至大坝泄洪的原因，增殖放流乌原鲤向下扩散的速率和水域明显比往上游的快和大。根据调查，在左江放流 1 年后，龙州县城放流的乌原鲤已经向下游扩散至崇左市区以下河段，扩散河道距离超过 110 km。这当然有洪水或水电大坝泄洪导致乌原鲤被动向下游扩散的因素。据调查，在龙州县水域增殖放流 1 年后，下游崇左段左江某些渔民有时一天可以捕获 2~3 尾乌原鲤，可见当地水域的乌原鲤已经形成一定规模资源量。

（三）生长与发育情况

一般而言，鱼类增殖放流选择在饵料较为丰富、环境较为适宜的水域。而在放流前，苗种均处于高密度养殖的状态，因此空间会限制放流苗种在放流前的生长。放流后，苗种在短暂的适应期后，在饵料充足、空间广阔的水域中，会出现快速生长的现象。

对增殖放流乌原鲤生长情况调查表明，放流乌原鲤比在池塘养殖乌原鲤的生长速度明显更快。增殖放流 1 年后，同批次增殖放流鱼类在放流水域的生长速度与该批次增殖放流鱼类在池塘中的生长速度相比明显更快。在增殖放流水域放流全长 5 cm 规格的乌原鲤，在自然水域生长 1 年后乌原鲤的全长、体长和体重分别达到 22.8 cm、18.1 cm、143 g，而增殖放流同批次残留在池塘中养殖的乌原鲤全长、体长和体重分别为 15.9 cm、12.5 cm、40 g，增殖放流水域回捕乌原鲤的全长、体长、体重分别比同批次在池塘养殖环境中生长的乌原鲤高出 43.4%、44.8%、257.5%，特别是在体重方面，增殖放流在自然水域生长的乌原鲤体重远远超过池塘养殖的乌原鲤。数据显示，放流左江的乌原鲤生长迅速，充分显示左江水域环境非常适合乌原鲤的生长。可能由于放流鱼类在河流中可以根据自身需要自由选择食物，亦可能由于左江乌原鲤的食物丰富，因而生长更加迅速。

（四）资源贡献率

放流鱼类的资源贡献率需要通过标志鱼的重捕来确定，具体计算方法如下：

$$N = \frac{M \times n}{m},$$

$$P = \frac{Q}{N} \times 100\%,$$

式中，N 为个体总尾数（资源量），M 为标志尾数，n 为捕获尾数，m 为重捕中标志的个体尾数，P 为放流群体的资源贡献率，Q 为放流鱼类总尾数。

本研究团队曾在广西左江水域开展乌原鲤增殖放流。近年调查显示，乌原鲤在该水域已经多年不见。因此，增殖放流后在此水域捕获的绝大多数乌原鲤可以认为均来源于增殖放流群体，由此得出在左江水域的乌原鲤增殖放流效果评估中，资源贡献率为 100%。

（五）经济效益评估

增殖放流的经济效益评估是通过投入产出比进行的。首先根据渔获物调查，分辨出放流个体，从而确定回捕率，并通过回捕率计算回捕产值，然后通过回捕产值和投入的苗种成本等情况，计算投入产出比。

1. 回捕率

回捕率的计算公式如下：

$$R = \frac{m}{M} \times 100\%,$$

式中，R 为回捕率，m 为重捕中标志的个体尾数，M 为标志尾数。

2. 回捕产值

回捕产值的计算公式如下：

$$IN = Q \times R \times W \times S,$$

式中，IN 为回捕产值，即放流产出的总额，单位为元；Q 为放流鱼的总尾数；R 为回捕率；W 为回捕到的鱼类规格，单位为 kg/ 尾；S 为鱼的价格，单位为元 /kg。

3. 投入产出比

投入产出比的计算公式如下：

$$X = \frac{K}{IN} = \frac{1}{N},$$

式中，X 为投入产出比；K 为投入总额（苗种总成本），单位为元；IN 为回捕产值，单位为元；N 为个体总尾数（资源量）。

本研究团队曾在广西左江水域开展乌原鲤增殖放流，放流效果较好，具有较高的回捕率和资源贡献率，但由于乌原鲤目前被列为国家二级重点保护野生动物，因此不进行经济效益评估。

4. 生态服务价值

生态服务价值为资源增量价值、氮磷输出价值、藻类消耗价值、底栖动物消耗价值、碳汇输出价值之和。

（1）氮磷输出价值

氮磷输出价值 =（回捕重量 – 苗种重量）× 物种含氮量 ×46 元 /kg+（回捕重量 – 苗种重量）× 物种含磷量 ×230 元 /kg。46 元 /kg 和 230 元 /kg 分别为污水处理厂去除氮磷的成本参考价。放流苗种重量按平均 5 g/ 尾计。鱼类一般含氮 2.5%~3.5%（按 3% 计）、含磷 0.3%~0.9%（按 0.6% 计）。

（2）藻类消耗价值

增殖放流的鲢鱼、鳙鱼通过滤食水中的藻类可以对水环境产生有利影响。鱼类藻类消耗价值 =（回捕鲢鱼体重增长量 ×18.02× 食物中藻类的占比 + 回捕鳙鱼体重增长量 ×13.38× 食物中藻类的占比）×200 元 /t。回捕鱼类体重增长量单位为 t，18.02 为鲢鱼饵料系数，鲢鱼食物中藻类的占比为蓝藻 74.5、绿藻 7.5，13.3 为鳙鱼饵料系数，鳙鱼食物中藻类的占比为蓝藻 56%，绿藻 5.9%，200 元 /t 为藻水分离设备分离蓝藻、绿藻的成本参考价。

（3）底栖动物消耗价值

增殖放流的青鱼通过摄食底栖动物，一方面可以充分利用水域生产力产出鱼产品，另一方面也可以抑制水域底栖动物（如淡水壳菜）的爆发性增长。

青鱼的底栖动物消耗价值 $= \dfrac{（回捕量 + 增量）}{转换系数 × 可利用系数} ×$ 饵料系数。转换系数取 10，可利用系数取 30%，饵料系数取 30。

（4）资源增量价值及碳汇输出价值

根据巴拉诺夫产量方程，估算鱼类增殖放流后 2~5 年可回捕规格鱼类生物量，进而计算回捕鱼类的碳汇输出价值。

资源增量价值 = 留存尾数 × 捕捞规格 × 市场价格。

根据巴拉诺夫产量方程得出鱼类增殖放流后从开捕年龄 t_C 捕捞至年龄 t 的鱼类总回捕尾数为：

$$C_{(t_C, t)} = \frac{N_{t_C}F}{F+M}\left[1-e^{-(F+M)(t-t_C)}\right] = \frac{Re^{-M(t_C-t_r)}F}{F+M}\left[1-e^{-(F+M)(t-t_C)}\right],$$

式中，C 为一个世代的鱼产量或渔获尾数，N 为一个世代初始资源量或资源量，F 为鱼类的捕捞死亡系数，M 为鱼类的自然死亡系数，e 为自然对数的底，N_{t_C} 为开捕年龄 t_C 时的存留鱼类尾数，R 为放流鱼类总数量，t_C 为鱼类开捕时的年龄，t_r 为鱼类放流时的年龄，t 为捕捞时鱼类的年龄。不同水域不同鱼类的捕捞死亡系数 F 和自然死亡系数 M 有各自特征，可根据调查水域捕捞努力量渔获鱼类的体长、体重及年龄分布统计分析得出。回捕鱼类规格根据渔民捕捞日志、市场调查及通过鱼类体重关系验算确定。

（六）生态效益评估

增殖放流群体对放流水域生态效益的评估可以通过调查水域的单位捕捞努力量渔获量、早期资源量、渔业资源量、生物多样性指数、种群遗传多样性等进行。

1. 单位捕捞努力量渔获量

单位捕捞努力量渔获量的计算公式如下：

$$CPUE = \frac{C}{N \times t},$$

式中，$CPUE$ 为单位捕捞努力量渔获量，单位为 kg/（网·h）或尾/（网·h）；C 为某规格渔具的总渔获量，单位为 kg 或尾；N 为渔具个数；t 为采样时间，单位为 h。

2. 渔业资源量

调查水域的渔业资源量的计算公式如下：

$$F=CPUE\times\frac{A}{S}\times\frac{365\times24}{t},$$

式中，F 为调查水域的渔业资源量，单位为 kg；$CPUE$ 为单位捕捞努力量渔获量，单位为 kg/（网·h）或尾/（网·h）；A 为调查水域总面积，单位为 m^2；S 为单次捕捞作业面积，单位为 m^2；365 为 1 年按照 365 d 计算；24 为 1 d 按 24 h 计算。t 为采样时间，单位为 h。

3. 调查水域中某资源类型的渔业资源量

调查水域中某资源类型的渔业资源量的计算公式为：

$$F_i=F\times W_i\%,$$

式中，F_i 为调查水域中某资源类型的渔业资源量，单位为 kg；F 为调查水域的渔业资源量，单位为 kg；$W_i\%$ 为调查水域中某资源类型的平均重量比例。

4. 早期资源量

基于水域面积的早期资源量估算公式为：

$$F_a=A_a\times\rho,$$

式中，F_a 为调查水域早期资源量，单位为 kg；A_a 为调查水域面积，单位为 m^2；ρ 为单位水域面积的早期资源密度，单位为 kg/m^2，采用近 5 年调查结果的平均值。

基于径流量的早期资源量估算公式为：

$$F_v=V\times\rho_v,$$

式中，F_v 为调查水域的早期资源量，单位为 g；V 为调查水域的径流量，单位为 m^3；ρ_v 为单位径流量的水域资源密度，单位为 g/m^3，采用近 5 年调查结果的平均值。

5. 生物多样性指数

鱼类多样性评价分别采用 Shannon-Wiener 多样性指数、Pielou 均匀度指数、Simpson 优势度集中指数进行。

Shannon-Wiener 多样性指数的计算公式为：

$$H'=-\sum_{i=1}^{S}P_i\ln P_i。$$

Pielou 均匀度指数的计算公式为：

$$J'=H'/\ln S。$$

Simpson 优势度集中指数的计算公式为：

$$C=\sum_{i=1}^{S}\left(P_i\right)^2。$$

以上 3 个公式中，P_i 为 i 种所占尾数的比例，S 为样方内物种数。

6. 遗传多样性

利用鱼类线粒体 DNA 进行鱼类群体遗传多样性分析，可以采用线粒体全序列或者 D-loop 区和 Cytb-B 区。对测序所得的序列进行序列分析并比较。采用单倍型统计软件识别单倍型，计算单倍型频率。用核苷酸多样性、单倍型多样性软件计算核苷酸多样性、单倍型多样性等多态性统计参数。分析放流前后放流物种的种群遗传结构变化。

（七）社会效益评估

社会效益的评估主要是通过渔获物调查及渔访调查等途径进行，从以下五个方向考虑：①是否增加天然苗种资源量，促进水产苗种产业发展；②是否促进渔民增产增收；③是否促进旅游业、休闲渔业的发展；④公众、社会对增殖放流活动的参与度与认同感；⑤对国家产业保护政策的影响。

参考文献

［1］曹艳,章群,宫亚运,等.基于线粒体 COI 序列的中国沿海蓝点马鲛遗传多样性［J］.海洋渔业,2015,37 (6):485-493.

［2］常重杰,余其兴.鲤和鲫银染核型的比较研究［J］.武汉大学学报(自然科学版),1993 (3):110-114.

［3］陈锦淘,戴小杰.鱼类标志放流技术的研究现状［J］.上海水产大学学报,2005,14 (4):451-456.

［4］陈丕茂.渔业资源增殖放流效果评估方法的研究［J］.南方水产,2006,2 (1):1-4.

［5］程帅,王继保,陈和春,等.贵州北盘江增殖放流效果评价［J］.水电能源科学,2021,39 (2):39-42.

［6］刁晓明,苏胜齐,刘建虎,等.岩原鲤人工繁殖初报及胚胎发育观察［J］.重庆水产.2000 (4):29-31.

［7］董少杰,任建,马雪,等.四种消毒剂和一种抗生素对锦鲤幼鱼鳃功能的影响［J］.水产科技情报,2014,41 (6):306-310,315.

［8］杜劲松,刘立志,高攀,等.五种常用水产药物对白斑狗鱼幼鱼的急性毒性研究［J］.水产学杂志,2009,22 (4):16-19.

［9］高晓华,曹海鹏,侯三玲,等.水产用聚维酮碘对异育银鲫养殖的安全性评价［J］.动物学杂志,2013,48 (2):261-268.

［10］关海红,蔺玉华.鲤鱼鳃组织结构及鳃对重金属离子的耐受性［J］.水产学杂志,2004,17 (1):68-72.

［11］桂建芳,李渝成,李康,等.中国鲤科鱼类染色体组型的研究Ⅵ.鲃亚科 3 种四倍体鱼和鲤亚科 1 种四倍体鱼的核型［J］.遗传学报,1985,12 (4):302-308.

［12］郭旭升,彭新亮,林伟,等.甲醛等四种药物对黄尾鲴的急性毒性试验［J］.黑龙江畜牧兽医,2018 (1):189-192.

［13］韩姝伊,魏凯,陈春山,等.四种常用消毒剂对细鳞鲑幼鱼的急性毒性［J］.水产学杂志,2018,31 (6):7-11.

［14］韩耀全,何安尤,蓝家湖,等.乌原鲤的表型性状及繁殖力特征［J］.江苏农业科学,2018,46(6):134-137.

［15］韩耀全,何安尤,蓝家湖,等.乌原鲤的胚胎发育特征［J］.水产科学,2018,37(3):368-373.

［16］何国森,曾占壮,陈度煌,等.4种药物对泥鳅的急性毒性试验［J］.当代水产,2014,39(10):78-79.

［17］洪波,孙振中.标志放流技术在渔业中的应用现状及发展前景［J］.水产科技情报,2006,33(2):73-76.

［18］黄建华,沈斌,黄晓婷,等.金属线码标记操作对大黄鱼5种血清酶活力的影响［J］.浙江海洋学院学报(自然科学版),2016,35(6):483-488.

［19］昝瑞光,宋峥.鲤、鲫、鲢、鳙染色体组型的分析比较［J］.遗传学报,1980,7(1):72-80.

［20］昝瑞光,宋峥.八种鱼类(鲤属和白鱼属)的染色体组型研究［J］.动物学研究,1980,1(2):141-150.

［21］李长青.有机溴氯消毒剂部分性能的试验观察［J］.中国消毒学杂志,2005,22(4):412-414.

［22］李海燕.溴氯海因对鱼类的急性毒性试验及治疗效果［J］.广州大学学报(自然科学版),2006,5(3):26-30.

［23］李树深.鱼类细胞分类学［J］.生物科学动态,1981(2):8-15.

［24］李为,刘家寿,张堂林,等.鳜增殖放流技术手册［M］.北京:科学出版社,2014.

［25］李育森,雷建军,韩耀全,等.水温和光照强度对乌原鲤耗氧率与临界窒息点的影响［J］.南方农业学报,2019,50(2):418-423.

［26］李昭信,陈福艳,梁万文,等.8种水产常用药物对卵形鲳鲹稚鱼的急性毒性实验［J］.科学养鱼,2012(11):56-57.

［27］林元华.海洋生物标志放流技术的研究状况［J］.海洋科学,1985(5):54-58.

［28］刘承芸,李薇,伍一军.敌百虫诱导SH-SY5Y细胞凋亡的研究［J］.毒理学杂志,2005,19(3):280.

［29］刘良国,赵俊,崔淼,等.尖鳍鲤的染色体组型研究［J］.华南师范大学学

报(自然科学版),2004 (1):108-111.

[30] 刘磊,李健,刘萍,等. 微卫星 DNA 标记用于三疣梭子蟹家系亲子关系的鉴定[J]. 渔业科学进展,2010,31 (5):76-82.

[31] 刘思情,张家波,唐琼英,等. 基于 ND4 和 ND5 基因序列分析的鳅超科鱼类系统发育关系[J]. 动物学研究,2010,31 (3):221-229.

[32] 刘连为,许强华,陈新军. 基于线粒体 COI 和 Cytb 基因序列的北太平洋柔鱼种群遗传结构研究[J]. 水产学报,2012,36 (11):1675-1684.

[33] 柳学周,徐永江,陈学周,等. 半滑舌鳎苗种体外挂牌标志技术研究[J]. 海洋科学进展,2013,31 (2):273-280.

[34] 柳毅. 敌百虫对枝角类的急性毒性研究[J]. 黑龙江环境通报,2012,36 (3):49-51.

[35] 楼允东. 中国鱼类染色体组型研究的进展[J]. 水产学报,1997 (21):82-98.

[36] 罗刚,庄平,赵峰,等. 我国水生生物增殖放流物种选择发展现状、存在问题及对策[J]. 海洋渔业,2016,38 (5):551-560.

[37] 罗新,张其中,崔淼. 草鱼标志技术的初步研究[J]. 水生态学杂志,2011,32 (6):135-140.

[38] 吕少梁,王学锋,林坤,等. 黄鳍棘鲷 3 种标志方法效果的比较与分析[J]. 海洋渔业,2019,41 (5):616-622.

[39] 潘连德,孙玉华,陈辉,等. 施氏鲟幼鱼肝性脑病组织病理学与细胞病理学研究[J]. 水产学报,2000,24 (1):56-60.

[40] 祁得林. 黄河上游花斑裸鲤 Cyt b 基因的序列变异和遗传多样性[J]. 动物学研究,2009,30 (3):255-261.

[41] 芮凤,邵剑明,张雪英. 急性敌百虫中毒时氧化应激和自由基损伤机制探讨[J]. 浙江医学,2005,27 (2):124-125.

[42] 单仕新,蒋一珪. 银鲫染色体组型研究[J]. 水生生物学报,1988,12 (4):381-384.

[43] 宋超,张涛,赵峰,等. 长江口鳗鲡亲体标志放流的初步研究[J]. 海洋渔业,2020,42 (6):699-710.

[44] 宋娜,高天翔,韩刚,等. 分子标记在渔业资源增殖放流中的应用[J].

中国渔业经济,2010,28(3):111-117.

[45] 宋昭彬,曹文宣.鳡鱼仔稚鱼耳石的标记和其日轮的确证[J].水生生物学报,1999,23(6):677-682.

[46] 孙昭宁,刘萍,李健,等.微卫星DNA标记用于中国对虾亲子关系的鉴定[J].海洋水产研究,2007,28(3):8-14.

[47] 王丹生,李娟,王旭.6种常用渔药对团头鲂幼鱼的急性毒性试验[J].辽东学院学报(自然科学版),2011,18(2):145-149,153.

[48] 王茂元,黄洪贵,赖铭勇,等.鲢鱼增殖放流标志技术研究[J].江苏农业科学,2015,43(9):261-263.

[49] 王咏星,魏凌基,钱龙,等.黑鲫染色体组型分析[J].石河子农学院学报,1995,2(30):41-44.

[50] 王幼槐.中国鲤亚科鱼类的分类、分布、起源及演化[J].水生生物学集刊.1979,6(4):419-438.

[51] 王中铎,郭昱嵩,陈荣玲,等.南海常见硬骨鱼类COI条码序列[J].海洋与湖沼,2009,40(5):608-614.

[52] 温茹淑,潘观华.强氯精和溴氯海因对草鱼鱼苗的急性毒性研究[J].佛山科学技术学院学报(自然科学版),2006,24(3):61-63,71.

[53] 吴政安,杨慧一.鱼类细胞遗传学的研究Ⅱ.鱼类淋巴细胞的培养及其染色体组型分析[J].遗传学报,1980,7(4):370-375.

[54] 谢迪,李潮,李嘉淇,等.连江倒刺鲃的标志放流试验[J].水产科学,2019,38(3):382-387.

[55] 徐滨,朱祥云,魏升金,等.岩原鲤染色体核型分析[J].西北农林科技大学学报(自然科学版),2014,42(6):10-14.

[56] 徐华建,卢宙民,林斌,等.乌原鲤驯养及人工繁育试验[J].湖北农业科学,2021,60(8):118-120,140.

[57] 徐开达,徐汉祥,王洋,等.金属线码标记技术在渔业生物增殖放流中的应用[J].渔业现代化,2018,45(1):75-80.

[58] 胥贤,黄晋,舒旗林,等.大渡河安谷水电站流域4种增殖放流鱼苗标记方法的初步研究[J].淡水渔业,2019,49(2):64-70.

[59] 薛凌展,樊海平,吴斌.6种常用渔药对福瑞鲤的急性毒性试验[J].福

建水产,2012,34 (4):296-301.

[60] 杨坤,刘小帅,李天才,等. 鲈鲤早期鱼苗的耳石标记研究[J]. 水生生物学报,2021,45 (4):889-897.

[61] 杨晓鸽,危起伟,杜浩,等. 可见植入荧光标记和编码金属标对达乌尔鳇标志效果的初步研究[J]. 淡水渔业,2013,43 (2):43-47.

[62] 杨喜书,章群,余帆洋,等. 华南6水系与澜沧江-湄公河攀鲈线粒体ND2基因的遗传多样性分析[J]. 南方水产科学,2017,13 (3):43-50.

[63] 叶素兰,余治平. 六种水产药物对草鱼鱼种的急性毒性试验[J]. 水产科学,2007,26 (10):564-566.

[64] 袁剑,邹曙明,何珠子,等. 野鲫、异育银鲫和复合四倍体银鲫的倍性鉴别[J]. 上海海洋大学学报,2009,18 (6):667-672.

[65] 曾泽国,温旭,方园,等. 4种常用水产药物对西杂鲟幼鱼的急性毒性试验[J]. 水产科技情报,2021,48 (1):51-56.

[66] 张崇良,徐宾铎,薛莹,等. 渔业资源增殖评估研究进展与展望[J]. 水产学报,2022,46 (8):1509-1524.

[67] 张建明,姜华,田甜,等. 3种水产药物对鲈鲤和白甲鱼的急性毒性试验[J]. 水产科学,2018,37 (5):628-633.

[68] 张晶. 档案式标志放流技术的基本原理[J]. 现代渔业信息,2004,19 (6):9-10,24.

[69] 张堂林,李钟杰,舒少武. 鱼类标志技术的研究进展[J]. 中国水产科学,2003,10 (3):246-253.

[70] 张天风,樊伟,戴阳. 海洋动物档案式标志及其定位方法研究进展[J]. 应用生态学报,2015,26 (11):3561-3566.

[71] 张彦坤,杨兵坤,李航宇,等. 饥饿胁迫下剑尾鱼肝脏代谢组学研究[J]. 四川动物,2021,40 (6):611-621.

[72] 张耀武,陈万光,郑建武. 5种常用渔药对黄颡鱼鱼种的急性毒性试验[J]. 水生态学杂志,2009,2 (1):122-125.

[73] 赵萍,王从锋,刘德富,等. 北盘江流域增殖放流鱼类的标志方法研究[J]. 水产学杂志,2014,27 (2):29-31,51.

[74] 周辉霞,甘维熊. 鱼类标记技术研究进展及在人工增殖放流中的应用

［J］. 湖北农业科学,2017,56（7）:1206-1210.

［75］周剑,杜军,龙治海,等. 岩原鲤亲鱼培育与人工繁殖技术研究［J］. 水利渔业. 2006,26（6）:46-47.

［76］周品众,谈智,戌毅,等. 溴氯海因对水中微生物杀灭效果及其影响因素［J］. 现代预防医学,2005,32（11）:1444-1445,1447.

［77］周珊珊,王伟定,丰美萍,等. 贝类标志技术的研究进展［J］. 浙江海洋学院学报(自然科学版),2017,36（2）:172-179.

［78］周伟. 鲤亚科鱼类的系统发育［J］. 动物分类学报,1989,14（2）:247-256.

［79］周永东,徐汉祥,戴小杰,等. 几种标志方法在渔业资源增殖放流中的应用效果［J］. 福建水产,2008（1）:6-12.

［80］郑惠芳,蓝春. 三角鲤的繁殖与生长特性［J］. 动物学杂志,2004,39（5）:73-77.

［81］朱挺兵,颜文斌,杨德国. 可见植入荧光标记和微金属线码标记标志拉萨裂腹鱼的研究［J］. 安徽农业科学,2016,44（13）:4-5.

［82］朱友芳,洪万树. 敌百虫对中国花鲈的毒性效应［J］. 生态学杂志,2011,30（7）:1484-1490.

［83］陈大庆,何力. 四大家鱼增殖放流技术手册［M］. 北京:科学出版社,2014.

［84］费鸿年,张诗全. 水产资源学［M］. 北京:中国科学技术出版社,1990.

［85］乐佩琦. 中国动物志硬骨鱼纲鲤形目(下卷)［M］. 北京:科学出版社,2000.

［86］乐佩琦,陈宜瑜. 中国濒危动物红皮书:鱼类［M］. 北京:科学出版社. 1998.

［87］李新辉. 珠江水生生物资源增殖放流技术手册［M］. 北京:科学出版社,2014.

［88］刘筠. 中国养殖鱼类繁殖生理学［M］. 北京:农业出版社,1993.

［89］汪松,解焱. 中国物种红色名录［M］. 北京:高等教育出版社,2009.

［90］伍律. 贵州鱼类志［M］. 贵阳:贵州人民出版社,1989.

［91］伍献文,曹文宣,易伯鲁,等. 中国鲤科鱼类志(下卷)［M］. 上海:上海

科学技术出版社,1977.

［92］余先觉,周墩,李渝成,等.中国淡水鱼类染色体[M].北京:科学出版社, 1989.

［93］张耀光.厚颌鲂增殖放流技术手册[M].北京:科学出版社,2014.

［94］广西壮族自治区水产研究所,中国科学院动物研究所.广西淡水鱼类志: 第二版[M].南宁:广西人民出版社,2006.

［95］郑慈英.珠江鱼类志[M].北京:科学出版社,1989.

［96］褚新洛,陈银瑞.云南鱼类志[M].北京:科学出版社,1990.

［97］庹云.岩原鲤胚胎、胚后发育与早期器官分化的研究[D].重庆:西南大学.2006.

［98］李陆嫔.我国水生生物资源增殖放流的初步研究:基于效果评价体系的管理[D].上海:上海海洋大学,2011.

［99］罗新.草鱼(Ctenopharyngodon idellus)标志方法及东江放流技术研究[D].广州:暨南大学,2011.

［100］宋华丽.聚维酮碘腹腔冲洗对结直肠癌大鼠肠道黏膜屏障功能的影响[D].银川:宁夏医科大学.2018.

［101］STAMATAKIS A. RAxML-VI-HPC: maximum likelihood-based phylogenetic analyses with thousands of taxa and mixed models[J], Bioinformatics,2006,22(21):2688-2690.

［102］ANDERSON S, BANKIER A T, BARRELL B G, et al. Sequence and organization of the human mitochondrial genome[J]. Nature,1981,290 (5806):457-465.

［103］WYMAN S K, JANSEN R K, BOORE J L. Automatic annotation of organellar genomes with DOGMA[J]. Bioinformatics,2004,20(17): 3252-3255.

［104］BENLI A Ç K, KÖKSAL G, ÖZKUL A. Sublethal ammonia exposure of Nile tilapia (*Oreochromis niloticus* L.): effects on gill, liver and kidney histology[J]. Chemosphere,2008,72(9):1355-1358.

［105］BRENNAN N P, LEBER K M, BLANKENSHIP H L, et al. An evaluation of coded wire and elastomer tag performance in juvenile common snook under field and laboratory conditions ［J］. North American Journal of Fisheries Management,2005,25 (2):437–445.

［106］ BRENNAN N P, LEBER K M, BLACKBURN B R. Use of coded–wire and visible implant elastomer tags for marine stock enhancement with juvenile red snapper *Lutjanus campechanus* ［J］. Fisheries Research,2007,83 (1): 90–97.

［107］ BREWER M A, RUDERSHAUSEN P J, STERBA–BOATWRIGHT B D, et al. Survival, Tag retention, and growth of spot and mummichog following PIT tag implantation ［J］. North American Journal of Fisheries Management,2016,36 (3):639–651.

［108］ BROUGHTON R E, MILAM J E, ROE B A. The complete sequence of the zebrafish (*Danio rerio*) mitochondrial genome and evolutionary patterns in vertebrate mitochondrial DNA ［J］. Genome Res,2001,11 (11):1958–1967.

［109］ BUSHON A M, STUNZ G W, REESE M M. Evaluation of visible implant elastomer for marking juvenile red drum ［J］. North American Journal of Fisheries Management,2007,27 (2):460–464.

［110］ CLARK A G, GLANOWSKI S, NIELSEN R, et al. Inferring nonneutral evolution from human–chimp–mouse orthologous gene trios ［J］. Science, 2003,302 (5652):1960–1963.

［111］ POSADA D. jModelTest: phylogenetic model averaging ［J］. Molecular Biology and Evolution,2008,25 (7):1253–1256.

［112］ DAY R, WILLIAMS M, HAWKES G. A comparison of fluorochromes for marking abalone shells ［J］. Marine & Freshwater Research,1995, 46 (3):599–605.

［113］ DARRIBA D, GUILLERMO L, TABOADA, et al. ProtTest 3: fast selection of best–fit models of protein evolution ［J］. Bioinformatics,2011,27 (8): 1164–1165.

［114］ EDGAR R C. MUSCLE: multiple sequence alignment with high accuracy and high throughput ［J］. Nucleic Acids Res. 2004,32 (5):1792–1797.

［115］GIBBONS W J,ANDREWS K M. PIT tagging:simple technology at its best ［J］. Bioscience,2004,54 (5):447-454.

［116］GRIEVE B, BAUMGARTNER L J, ROBINSON W, et al. Evaluating the placement of PIT tags in tropical river fishes : a case study involving two Mekong River species ［J］. Fisheries Research,2018 (200):43-48.

［117］HALES L S, HURLEY D H. Validation of daily increment formation in the otoliths of juvenile silver perch, bairdiella chrysoura ［J］. Estuaries,1991, 14 (2):199-206.

［118］HERRMANN M, CARSTENSEN D, FISCHER S, et al. Population structure, growth, and production of the wedge clam Donax hanleyanus (Bivalvia : Donacidae) from Northern Argentinean beaches ［J］. Journal of Shellfish Research,2009,28 (3):511-526.

［119］HIGUCHI T, WATANABE S, MANABE R, et al. Tracking *Anguilla japonica* silver eels along the West Marina Ridge using pop-up archival transmitting tags ［J］. Zoological Studies,2018,57.

［120］HILL M S, ZYDLEWSKI G B, ZYDLEWSKI J D, et al. Development and evaluation of portable PIT tag detection units : PIT packs ［J］. Fisheries Research,2006,77 (1):102-109.

［121］KNIGHT A E. Cold-branding techniques for estimating Atlantic salmon parr densities ［J］American Fisheries Society Symposium,1990 (7):36-37.

［122］KOTLIK P, BERREBI P. Genetic subdivision and biogeography of the Danublan rheophilic barb Barbus petenyi inferred from phylogenetic analysis of mitochondrial DNA variation ［J］. Mol Phylogenet Evol,2002,24 (1):10-18.

［123］LAPIDUS A, ANTIPOV D, BANKEVICH A, et al. New frontiers of genome assembly with SPAdes 3.0. (poster) ［J］. 2014.

［124］LASLETT D, CANBÄCK B. ARWEN : a program to detect tRNA genes in metazoan mitochondrial nucleotide sequences ［J］. Bioinformatics,2008,24 (2):172-175.

［125］LIN S Y. A new genus of Cyprinid fish from Kwangsi, China ［J］. Lingnan

Sci. J.,1933,12 (2):193-195.

[126] LOWE T M, CHAN P P. tRNAscan-SE On-line: integrating search and context for analysis of transfer RNA genes [J]. Nucleic Acids Research, 2016,44 (W1): W54-7.

[127] MARCINEK D J, BLACKWELL S B, DEWAR H, et al. Depth and muscle temperature of Pacific bluefin tuna examined with acoustic and pop-up satellite archival tags [J]. Marine Biology,2001 (138):869-885.

[128] MONAGHAN JR J P. Comparison of calcein and tetracycline as chemical markers in summer flounder [J]. Transactions of the American Fisheries Society,1993,122 (2):298-301.

[129] OJALA D, MONTOYA J, ATTARDI G. tRNA punctuation model of RNA processing in human mitochondria [J]. Nature,1981,290 (5806):470-474.

[130] OTTERÅ H, KRISTIANSEN T S, SVÅSAND T. Evaluation of anchor tags used in sea-ranching experiments with Atlantic cod (*Gadus morhua* L.) [J]. Fisheries Research,1998,35 (3):237-246.

[131] REIMCHEN T E, TEMPLE N F. Hydrodynamic and phylogenetic aspects of the adipose fin in fishes [J]. Canadian Journal of Zoology,2004,82 (6):910-916.

[132] RODGVELLER C J, TRIBUZIO C A, MALECHA P W, et al. Feasibility of using pop-up satellite archival tags (PSATs) to monitor vertical movement of a *Sebastes*: a case study [J]. Fisheries Research,2017 (187):96-102.

[133] ROZAS J. DNA sequence polymorphism analysis using DnaSP [J]. Methods in Molecular Biology,2009:337-350.

[134] SHARP P M, LI W H. The codon Adaptation Index: a measure of directional synonymous codon usage bias, and its potential applications [J]. Nucleic Acids Res,1987,15 (3):1281-1295.

[135] SHIOGIRI N S, PAULINO M G, CARRASCHI S P, et al. Acute exposure of a glyphosate-based herbicide affects the gills and liver of the Neotropical fish, Piaractus mesopotamicus [J]. Environmental Toxicology and

乌原鲤生物学及人工增殖技术研究

Pharmacology,2012,34（2）:388–396.

［136］SILAS M R, SCHROEDER R M, THOMSON R B, et al. Optimizing the antisepsis protocol : effectiveness of 3 povidone–iodine 1.0% applications versus a single application of povidone–iodine 5.0%［J］. Journal of Cataract and Refractive Surgery,2017,43（3）:400–404.

［137］VOLK E C, SCHRODER S L, GRIMM J J. Otolith thermal marking［J］. Fisheries Research,1999,43（1–3）:205–219.

［138］VON DER HEYDEN S, LIPINSKI M R, MATTHEE C A. Mitochondrial DNA analyses of the Cape hakes reveal an expanding, paamictic population for Merluccius capensis and population structuring for mature fish in Merluccius paradoxus［J］. Mol Phylogenet Evol,2007,42（2）:517–527.

［139］WANG H J, XIAO X C, WANG H Z, et al. Effects of high ammonia concentrations on three cyprinid fish : acute and whole–ecosystem chronic tests［J］. Science of the Total Environment,2017（598）:900–909.

［140］WYCKOFF G J, WANG W, WU C I. Rapid evolution of male reproductive genes in the descent of man［J］. Nature,2000,403（6767）:304–309.

［141］YANG K, ZENG R, GAN W, et al. Otolith fluorescent and thermal marking of elongate loach (Leptobotia elongata) at early life stages［J］. Environmental Biology of Fishes,2016,99（8–9）:687–695.

［142］MEYER A. DNA technology and phylogeny of fish［M］. //BEAUMONT A R. Genet ics and Evolution of Aquatic Organisms. London : Chapman and Hall,1994.

［143］NIELSEN L A. Methods of marking fish and shellfish［M］. New York : American Fisheries Society,1992.